中国青少年科学实验出版工程　郭传杰 / 主编

The Interest of Scientific Experiments

科学实验之趣

龚彤　李正福◎编

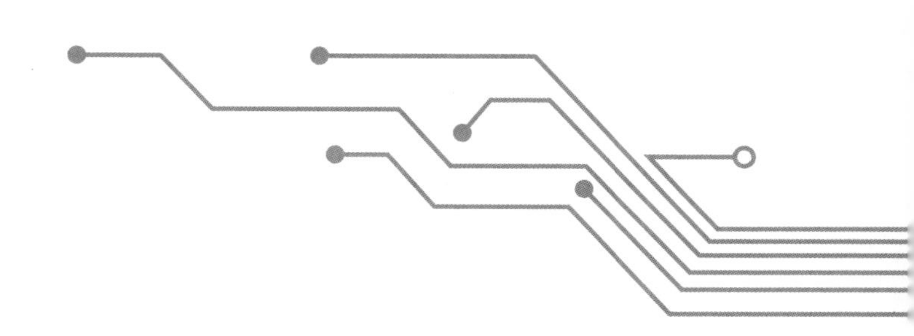

浙江教育出版社·杭州

丛书序

1953年，爱因斯坦在给加州一位朋友斯威策的回信中写道：“西方科学发展是以两个伟大的成就为基础的，那就是希腊哲学家发明形式逻辑体系（在欧几里得几何学中）以及（在文艺复兴时期）发现通过系统的实验可以找出因果关系。”

科学实验与近现代科学是什么关系？爱因斯坦在这里做了十分明晰的回答：科学实验是科学发展的两大基石之一。考虑到爱因斯坦是一位纯粹从事理论研究的科学家，又考虑到这是他晚年所表达的观点，足见科学实验在科学发展历程中的基础地位是无可撼动的。

什么是科学实验？科学实验是指根据一定目的，运用一定的仪器、设备等物质手段，在人工控制的条件下，观察、研究自然现象及其规律性的科学实践形式。科学实验的范围和深度，随着科学技术的发展和社会的进步，在不断扩大和深化。

科学实验是发现科学现象、规律的重要途径。如果说在以前还有些新的自然现象或规律，不一定要通过严格的科学实验就可以发现的话，那么，在科学技术越来越发达的当今及未来，在各种极端条件下要发现自然界的新现象并进行研究，不通过复杂的科学实验是很难做到的。

科学实验是验证科学假说、理论模型的唯一可靠途径。正如费曼所说："实验是理论的试金石。任何科学的结论只能在科学实验验证之后才可能具有科学上的意义与权威。"

科学实验相对于科技创新，是基石，是"母亲"，是源泉，更是科学知识、科学方法、科学思想、科学精神的集大成者。在科学传播、科学普及越来越彰显其重大价值的时代，科学实验相对于科学传播，同样具有不可替代的作用。在新科技革命风起云涌的当今时代，科学传播的重点要逐步从传播知识向传播创新的思路和方法、科学的理念与精神转移，因此，科学实验在青少年的科学普及教育中，相较于单纯书本知识的灌输，其作用与地位就进一步凸显出来了。

科学实验的趣味与神奇是点燃青少年好奇心的圣火。好奇心是每个孩子与生俱来的。各学科不同的科学实验，那千变万化的颜色，那令人意想不到的实验结果，那进入科学实验室所看到的陌生景象、所听到的奇特声响，都是开启孩子好奇心、探究欲的钥匙。

科学实验的实践过程是培养青少年动手习惯的重要途径。良好的动手习惯和能力是科学人才必备的要求。从小培养孩子边观察、边思考、边动手的习惯，对他们的创新意识、创新能力的提升，是必经的一步。

然而，虽然我们大家都知道科学实验对青少年科学素养的提升有着巨大的价值，但是，综观国内科普产品市场，从科学实验角度对青少年进行科学传播的图书相对较少，更多的是对科学知识的介绍。即使有少数涉及科学实验的科普图书，也多是停留在实验方法介绍的层面。

有鉴于此，我院科学传播局联合浙江教育出版社，决定以中学生为主要读者群，出版一套科学实验丛书。从书编撰者经过研究分析，确立了丛书的主旨、思路、框架与风格。呈现给读者的这套丛书，以"科学实验之旅”“科学实验之功”“科学实验之道”“科学实验之美”“科学实验之趣”为题，编为五册，为科学实验做一全景式扫描，从不同视角带给中学生关于科学实验的全谱式分享。丛书既注重包含科学实验全方位、各学科的前沿知识，厚今薄古，更注重科学实验中体现的科学方法、科学思想和科学精神；既有富于哲理的文字表述，又有丰富的案例故事，趣味盎然，情理交融，图文并茂，通俗易懂，期望能给广大青少年提供一道关于科学实验的美味大餐。当然，这是编撰出版者的初衷和目标，是否真的既营养丰富，又美味可口，要请读者自己品味一番。

丛书面世之际，编撰出版者邀我作序，于是写了上述文字，是为序。

中国科学院院长 白春礼

2019年8月

丛书前言

两年前，两位周先生——中国科学院科学传播局的周德进局长和浙江教育出版社的周俊总编辑——找我组织主编一套有关科学实验的科普书，主要读者定位于中学生。感佩于他们的诚意及敏锐眼光，我接受了这一邀约。于是，这套书的编撰出版就成了我们近两年来的一个牵挂。

伴随民族复兴大业突飞猛进的步伐，科学普及事业近年来越来越受到国家和社会的高度重视。放眼科普出版市场，一派兴隆火爆的气象，令人振奋。但是，在眼花缭乱的出版物中，关于科学实验的科普著作确实不多，即使有，也只是一些趣味实验类的操作介绍。

什么是科学实验？科学实验与人类的科学技术事业有什么关系？在科学技术发展的历史长河中，科学实验起过什么作用？又有哪些故事？这些内容，如果以中学生能够接受且通俗有趣的形式提供给他们，相信对他们提升基本科学素养会是不错的素材。

（一）科学实验是科学得以发生、发展的两大基石之一。这是爱因斯坦1953年提出的看法，在科学界获得了广泛的共识。他在《物理学进化》一书中还指出："伽利略的发现以及他所应用的科学推理方法是人类思想史上最伟大的成就之一，而且标志着物理学的真正开端。"丁肇中在谈科学研究的体会时也说:“实验是自然科学的基础,理论如果没有实验的证明,是没有意义的。”

爱因斯坦说科学实验是科学发展的基础,我想可以从两个角度去理解:一是科学实验是发现新的科学现象、科学知识的利器。我们都知道“水”,但是,如果不是200多年前普里斯特利、拉瓦锡等科学家连续40余年的实验探索,怎能知道这种重要的透明液体是由“两氢一氧”组成的?如果没有多种光谱仪器和相关的科学实验,仅靠人的眼睛感知,除了可见光波段以外,广阔丰富的电磁波谱就可能与人类生活的各种应用绝缘。二是科学实验是验证科学假说、创建科学理论的必需工具。科学的特点之一,是必须具有可重复性、可检验性。实证是科学的基石,在科学通向真理的路上,实验是首要条件。无论谁声称自己的理论如何完美自洽,没有科学的实验证据,都不足为信。科学实验是理论的最高权威。科学是实证科学,一个理论、一个现象如果不能通过实证检验,是必须被排除在科学大门之外的,它可能是伪科学,也可能是“不科学”。这就是科学的实证精神。正是因为有了科学的实证精神,科学才得以那么与众不同。科学实验是检验科学真理的唯一标准。依靠科学实验而不是依据个人权威去评判理论的是非对错,成了近现代科学与古代科学的分水岭,也为近现代科学的健康快速发展提供了强大的原动力。

但是,长期以来,在社会上有些人的心目中,理论、公式才是科学的“皇后”,实验不过是科学技术的“奴婢”,是服务于科学技术的工具而已。产生这种看法的原因,主要是对科学实验的意义和作用、科学实验在近现代科学技术发展历史进程中的实际地位缺乏基本认知。

另外,现代教育越来越重视科学教育,这是大时代发展的必然趋势。而科学教育的基本目的,我以为重点在于科学素质的培育,而不在于大量知识的灌输，尽管知识的增加也是必需的、重要的。科学素质的重要内涵是科学的方法、思想与精神。科学实验是科学家认识自然、探求真理的伟大社会实践，因此，实验的过程与结果饱含了科学技术最丰厚的内涵，包括新的知识，更包括科学家在实践过程中应用的科学方法，表现的思想态度，闪耀的团队光芒，体现的科学精神。这一切，恰恰是广大青少年提升科学素养的最好“食粮”。

基于以上认识，丛书编委会经过多次调研、讨论，达成共识，希望编写一套高水平的科学实验丛书，期待产品达到“四性”“三引”的要求，即科学性、知识性、通俗性、趣味性，以及引人入胜、引人回味、引人向上。具体来说，第一，丛书要确保科学性与知识性，这是底线，科学性达不到要求，就会产生误导，对读者来讲，比零知识更糟糕。第二，要通俗、有趣，不仅通俗好懂，而且有趣有味，不说空话套话，不能味同嚼蜡，要通过大量实际的案例、故事，使之易读好读，图文并茂，雅俗共赏，引人入胜。第三，鉴于科学实验这样严肃宏大的内容主题，因此，应当体现科学史学、哲学、美学的结合，有较高的品位。第四，厚今薄古，既要有近现代科学实验发展的历史轨迹，更要体现科学技术、科学实验在当代的发展与前沿。当然，这些目标只是编撰者的自我要求与期待，能否达到，还得广大读者去评判。经过这些考虑之后，丛书编委会确定了丛书的基本框架，共包括《科学实验之旅》《科学实验之功》《科学实验之道》《科学实验之美》和《科学实验之趣》五册。这个框架是开放性的，根据今后发展及市场反应，也可能还有后续，这是后话。

（二）根据科学实验在科技发展中的源流、地位、功能以及面向中学生读者的科普定位，丛书确立了五册的框架，对各册的内容安排大致有如下考量。

《科学实验之旅》从历史发展的视角，主要通过重大的案例和科学事件，展现科学实验发展的基本源流和脉络，特别是让读者对在科学发展的里程碑时期起过关键作用的那些科学实验有所了解。本册以时序为主线，内容既有科学实验早期的源头，也有科学实验在当代的发展状况和对未来发展方向的前瞻。

《科学实验之功》以著名的科学实验为案例，展现科学实验对科学技术发展的重要贡献以及对人类文明进程的重大影响。科学技术是第一生产力，在近现代，它作为社会经济发展的基本原动力，厥功至伟。而科学技术的飞跃发展，每一步都离不开科学实验的鼎力支撑。

《科学实验之道》集中关注科学实验必须遵循的理念、规律、规范和方法。本册不拟对科学实验的具体流程、方法进行介绍，事实上，鉴于不同学科的实验方法千差万别，想在一本科普册子里全面阐释，实属不可能，也不必要。科学实验看似多样、直观，但其蕴含的深层哲理与大道规律却是有迹可循的。当然，本册并非只用枯燥、深奥的哲学语言与读者对话，而是通过生动的案例同青少年恳谈。

《科学实验之美》侧重于从美学视角来考察科学实验。科学求真，人文至善，科学与人文的融合处会绽放出地球上最美丽的花朵。科学实验之美，有着不同的形态，各样的色彩。实验设计的简洁美，实验过程的曲折美，实验结果的理想美，实验者的心灵美，通过一个个真实的案例故事，读者可以从不同的方位欣赏到科学实验带来的美，陶醉在科学、人文融合的场景之中。

《科学实验之趣》的作者主要是来自优秀中学的优秀教师。他们有着丰富的教育经验，了解中学生的兴趣点。兴趣和趣味是引导青少年走进科学之门的最好向导。曾经有调研者问不同学科、不同国籍的诺贝尔奖得主同一个问题:“您为什么能获得诺贝尔奖?”超过70%的受访者的回答是一样的,那就是“对科学的兴趣”。而科学的趣味虽然很多体现于理性的思考,但可能更多蕴含在科学实验的过程之中。本册作者在科技发展的历史长河中,按学科遴选出一批富有趣味的实验案例,将其奉献给莘莘学子阅读欣赏,想必对他们通过有趣的实验进一步探索、进入科学王国有所裨益。

上述各册在深入阐述各书主题时,都会遴选大量科学实验案例。因此,读者可能会想:会不会有案例重复引用的情况?有,的确有。某些重要的科学实验的确有被不同作者重复引用的情形。虽然,丛书编委会期望各书作者尽量避免重复,也采用过交叉对照、相互协商等措施,但客观地说,完全避免是不可能的。不过,即使是同一个实验案例,在不同的书册中被引用时,角度、素材、内容也是不一样的,作者会围绕该册的主题去选材和表述,不会影响读者的阅读兴趣。

另外,我们要求每册图书必须在统一的框架下,有基本一致的装帧设计、基本一致的框架结构,以显示它们同属“中国青少年科学实验出版工程”丛书,便于读者识别、选择、阅读。与此同时,我们也容许不同作者有自己的写作风格,以免千篇一律,可以在统一的构架下,呈现各自的风格特点。读者选择时,既可以是整套一起,也可以根据自己的需求偏好,只选阅丛书中的一册或几册。

为方便读者在阅读过程中对某一实验进行进一步的追踪了解,作者、责编在一些章节的合适处,插入了链接,或加上了小贴士。同时,在丛书出版过程中,还配上了有趣的科学动漫,为纸媒出版物添上一对数字传媒的翅膀。这些技术、细节性的安排,目的是给广大读者多一点趣味和便捷。

（三）从这套丛书的接手编撰到即将付梓，过去了约两年的时光。其间，召开过7次编委、作者和出版者的联席研讨会。

几位作者从春夏到秋冬，以再学习、深探究的态度，反复修改润色，花费了大量的精力和时间；出版方更是自始至终参与其中，事无巨细，指导支持。两年来，虽然殚精竭虑，笔耕劳苦，但整个团队所有成员都觉得有付出、有收获，心情畅快，合作开心。忘不了研讨会上面红耳赤的热烈争辩，以科学的态度编撰科学实验丛书是我们的共识，也让我们受到一次次科学精神的洗礼；忘不了在重庆江津中学、浙江淳安中学短暂而愉快的时光，校长、师生们对丛书的要求和真知灼见，为丛书的成功编撰增添了一层层厚实的底色。

这套丛书还没问世，就已经受到了学界和社会的关怀与期盼。中国科学院院长白春礼院士为丛书欣然作序。丛书还得到了中国科学院院士刘嘉麒、林群等先生的推荐，并且列入了2019年度国家出版基金项目。

在丛书即将面世的此时此刻，作为主编，本人的心情是复杂的。一方面，我们从一开始就确实怀有一个愿望——做一套关于科学实验的优秀科普书献给中学生及有兴趣的读者，自始至终也为实现这个愿望在做努力，在它正式与读者见面之前，内心怀有一丝激动和些许期待。另一方面，它到底能不能受到读者的欢迎，能不能装进他们的书包、摆上他们的案头，我们心中并没有十分的底数，心情忐忑。不过，媳妇再丑总是要见公婆的，书籍终究是给读者阅读并由读者评点的。我们唯抱诚恳之心，请读者浏览阅读之后，提出指正意见。

郭传杰

2019年9月

前言

伟大的科学家爱因斯坦说过:“兴趣是最好的老师。”这是说一个人一旦被某种事物激发了兴趣,就会去关注、去接近;如果产生了浓厚的兴趣,还会主动去求知、去探索、去创新,并在此过程中收获快乐和喜悦。事实上,许多爱好科学的朋友就是从实验开始认识科学、了解科学、研究科学的。实验对于科学研究是重要的,对于科学普及也因具有独特的、不可替代的重要价值而尤显珍贵。

实验对于科学具有重要的价值和意义。诺贝尔物理学奖获得者、美籍华人物理学家丁肇中认为,实验是自然科学的基础。实验是科学以经验的方式逐步进步的手段,是理论检验和经验证实的阶梯。实验室是科学知识主要的制造空间和场所,科学实验是科学最为重要的一种文化实践。在大多数人的印象中,科学就像物理学那样充满了形形色色的数学公式和各种各样的定理定律。实际上,科学还有另外的存在形态,比如实验形态。除了用数理来呈现和表达科学知识体系外,科学也可以通过仪器、设备、空间、装置等面貌呈现于世人面前。实验形态的科学受到科学研究的重视,科学在数理形态与实验形态相互结合中不断发展。

科学普及青睐实验形态的科学。哈金认为实验有其自身独立的生命。科学实验囊括了各种形态的物体，它们有大小、有高矮、有胖瘦、有软硬、有冷暖、有长幼、有悲喜，对社会大众而言是可接近的、可感知的、可交互的。科学实验具有很强的直观性，奇形怪状的实验仪器、出人意料的科学现象，总是能够很快地吸引人们的眼球，激发人们探究的兴趣。各种各样的实验实体或模型具有用人造的物质世界替代语词实现理论承载、传播的功能，将科学知识、科学方法、科学理念通过实验简洁明了、浅显易懂地展示给社会大众，让大众更易于理解和接受。

作为中国青少年科学实验出版工程的组成部分，本册主要从“趣”的角度来谈科学实验。

一方面，科学实验是有趣的，这是科学实验的特性。五彩缤纷的焰火、抑扬顿挫的声响等实验现象给人以感官冲击，精妙绝伦的设计、行云流水的程序等实验机制给人以智慧的启迪，滴水不漏的推理、严丝合缝的思辨等实验论证给人以思维的激荡，百折不挠的探索、追求真理的信仰等科学态度给人以心灵的震撼，这些都是让人产生兴趣的源泉。

另一方面，人们容易被科学实验所吸引，人们看到实验装置的形状、实验现象的新奇、实验操作的规范、实验室的布局等，容易产生直接兴趣，想要走近看一看、摸一摸、试一试。法拉第实验、孟德尔实验、合成氨实验有什么作用？会对社会发展产生什么影响？南极科考队远赴极地开展科学实验、南仁东投身FAST大科学装置建设……人们被科学家的崇高志趣深深感动。

本册从实验形态的科学着手，以实验为线索和载体，介绍实验的兴趣点，帮助读者提升兴趣、加深理解、展开批判。考虑到读者年龄段的特点，为降低阅读的难度、促进与中小学科学学习的衔接，本书分物理学、化学、生物学、地理学、信息科学、心理学六个领域分别介绍相关实验。有些实验与中学教科书密切联系，补充和丰富相关内容，挖掘实验背后的趣事；有些实验在科学发展中具有重要的价值和地位，更多地了解这些实验以及这些实验发挥的重要作用，有助于读者更好地认识科学本质；还有一些实验是近些年来新开展的，体会这些实验已经带来的影响并预判将来发展的趋势，也是件很有趣的事情。此外，书中对于部分内容做了拓展，并给出了一些材料的链接，以便于有兴趣的读者进一步了解相关内容。

本书由龚彤、李正福担任主编，编写组的具体分工为：张凯、徐荣刚、王建负责第1章物理学部分；余建英、谭娇、陈豪负责第2章化学部分；余建英、欧琴负责第3章生物学部分；李永鸿、段芋竹负责第4章地理学部分；金显安负责第5章信息科学部分；胡涛负责第6章心理学部分。全书由张凯统稿。

科学实验往往看似直观，但其蕴含的科学道理和哲学意蕴却非常深刻。我们尝试着剖析实验之趣，但时有力不从心之感，许多问题没有关注到，许多问题还没有想明白，有些问题可能理解得也有偏差，敬请专家和读者朋友批评指正。

编　者

2019年3月

目录

第1章

格物致知之趣

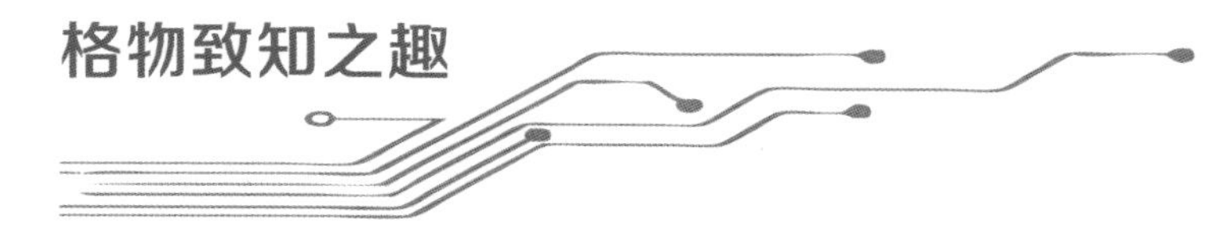

第2章

知化由学之趣

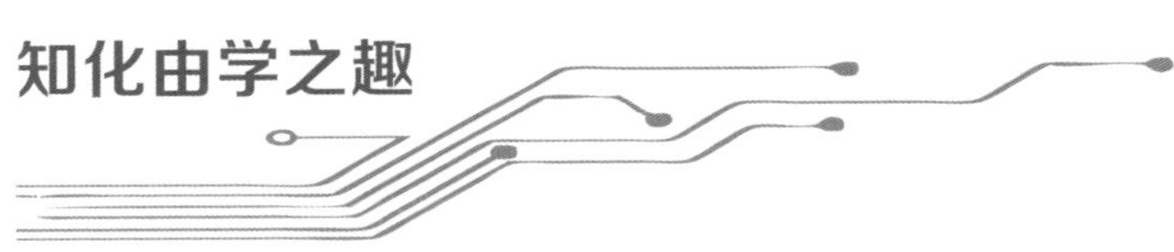

第3章

生机无限之趣

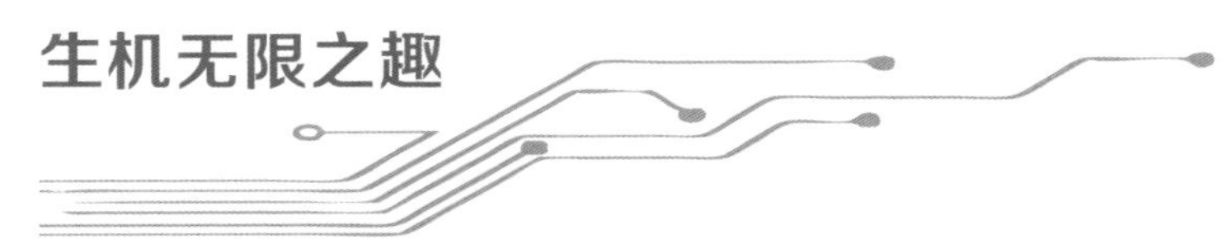

第4章
对地说理之趣

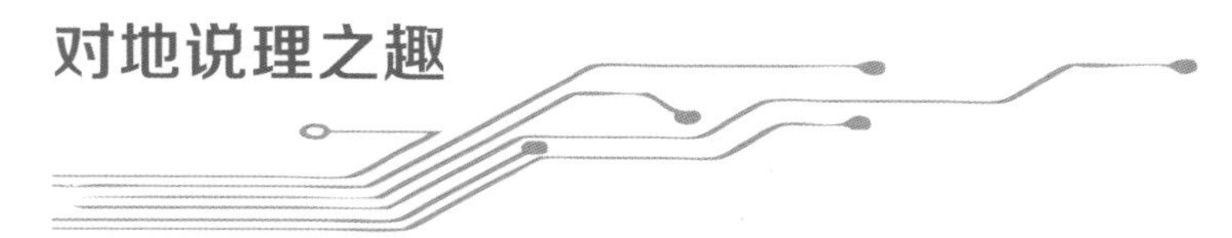

第5章

信息转换　人工智能

第6章

心灵解密之趣

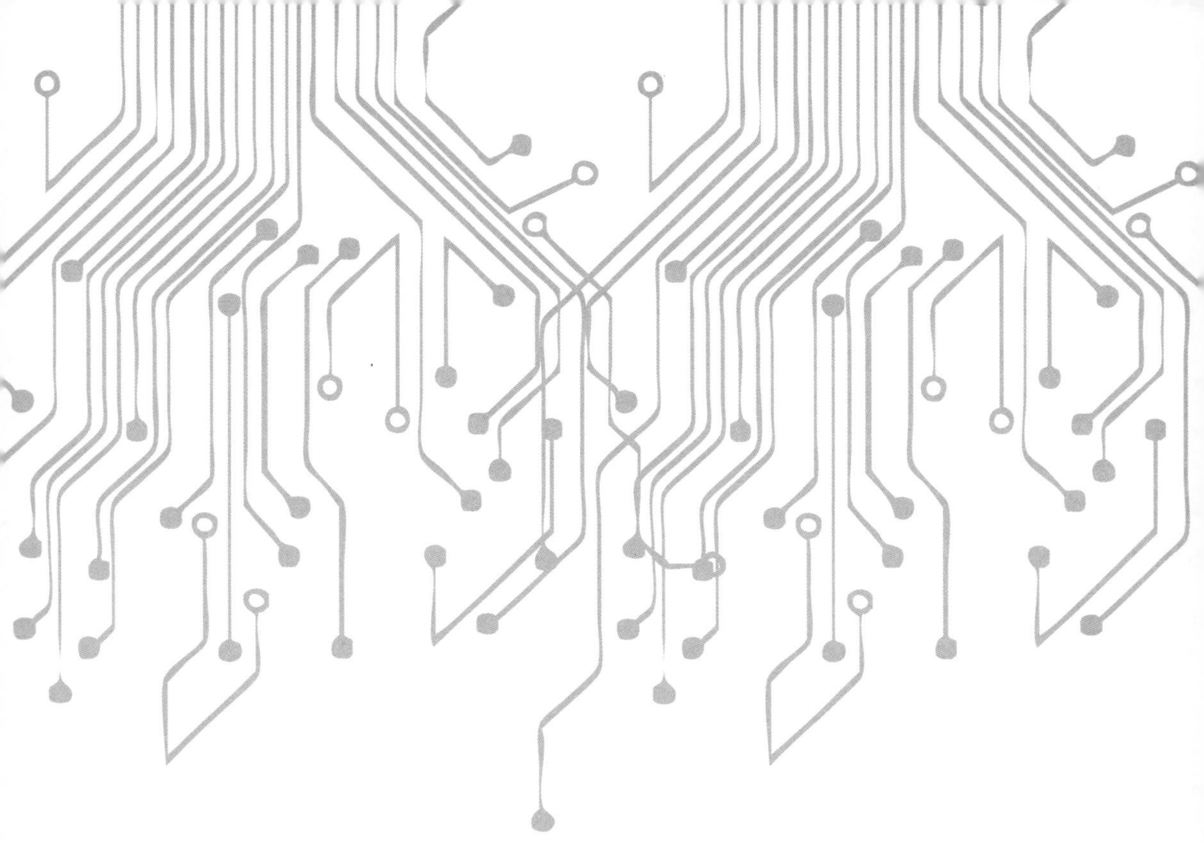

第1章

格物致知之趣

科学实验是我们认识未知的物理世界的一扇大门，穿过这扇大门，你会被磁的神奇所吸引，会被电的魅力所震撼，还会被光的瑰丽所折服……自然的奥秘隐藏在黑暗之中，而一组组妙趣横生的物理实验，会让我们体会到科学的神奇，亦会惊叹于人类的智慧。

莱顿瓶——世界上最早的电池

1747年春季的一天，在法国巴黎市区的教堂前，正举办一场前所未有的“千人震”表演。场面蔚为壮观：只见700名修道士手拉手排成一行，站在观台前，队伍有约280米长。观台后的嘉宾席上，坐着国王路易十五及皇室成员，台下站满了观众。

这时，一个中年男人从嘉宾席站了起来，走到修道士队伍的前面。他把一个玻璃瓶放在排头的修道士手中，然后从瓶中引出一条金属线，让其他修道士依次拉着线，一直到最后一名。

“国王陛下，表演正式开始！”这个叫诺莱特的男人向国王行礼后，便到排头的修道士前面，轻轻拉动安装有绝缘柄的放电叉。

不可思议的事情发生了。就在诺莱特拉下放电叉那一瞬间，700名修道士几乎同时跳了起来。包括国王在内的嘉宾和观众个个瞠目结舌，良久才爆发出

图1－1　诺莱特的“电击”实验（简化示意图）

喝彩声。

“这就是电的威力，”诺莱特大声地说，“这个装电的瓶子叫莱顿瓶，是尊敬的马森布洛克教授的杰作。我们要向他致敬！”

马森布洛克是何许人？他为什么要发明莱顿瓶？这还得从17世纪开始说起。

自从英国皇室御医吉尔伯特深入研究电和磁，并创造“电”这一概念后，各国的科学家纷纷开始进行关于电的实验，以期揭开电的奥秘。研究的第一个问题，就是如何通过人工方法得到电。

最先解决这个问题的是当时德国马德堡市的市长格里凯。这位市长痴迷于科学，是名震一时的物理学家，“马德堡半球实验”就是他的生平杰作之一。经过多次实验，格里凯于1650年发明了一种摩擦起电的机器：用布自动摩擦转动的硫黄球获得静电。该装置使人们对于电的性质有了更加深入的认识。

继格里凯之后，科学家们又制造出多种静电起电器。

很快，新的问题来了：这些电该如何保存起来呢？难道每次用电的时候都要用到起电器？

各国科学家又忙碌起来。

时任荷兰莱顿大学物理学教授的马森布洛克也不例外。1746年的一天，马森布洛克把助手叫到实验室，一起完成一个关于电的实验。他先把一个玻璃瓶装满水，再用软木塞塞住瓶口，然后在软木塞上插上一颗铁钉，并把铁钉与起电器连了起来。

“请你帮我拿着玻璃瓶，并记录清楚玻璃瓶里的情况。”马森布洛克说完，便用力拉动起电器。

“哇！”助手突然大叫一声。原来，他左手拿着瓶，右手绕过左手去拿笔时，不小心碰了铁钉一下，身体一抖。他立即右手扶墙，左手迅速把玻璃瓶放在桌上。

马森布洛克敏锐地感到,关于电的储存的奥秘就在瓶子里。待助手平静过后,他们交换位置来做实验。当助手拉动起电器后,马森布洛克小心地用食指触摸铁钉。

“啊！我的手臂和身体产生了一种无法形容的恐怖感觉!”马森布洛克身体抖了一下,猛地坐在事先准备好的凳子上,说了自己的感受。

图1－2　马森布洛克在做如何储存电的实验

通过切身感受,马森布洛克确定瓶中储存下来的是电。一个意外发现,促使了电学史上第一个电容器的问世。不过他不能确定的是,电是储存于玻璃瓶的瓶身上,还是储存于瓶里的水中。

马森布洛克让助手用报告的形式向外界公布了如何储存电的实验后,欧洲各国为之震惊。科学家们纷纷用装电的瓶进行实验,比如用瓶里的电火花杀老鼠,用电火花点燃酒精等。魔术师们则以装电的瓶为道具,让上前触摸的观众体验麻酥酥的感觉……

法国科学家诺莱特认真研究马森布洛克的实验后,大为叹服。根据马森布洛克是莱顿大学教授这一事实,他把实验中装电的瓶称为“莱顿瓶”,把马森布洛克所做实验称为“莱顿瓶实验”。为了让世人接受马森布洛克的观点,他请示法国国王路易十五，在教堂前公开展示了前文所述的“千人震”表演。

莱顿瓶装置虽然很简单，却很实用。后世的科学家对莱顿瓶进行改装：把水倒掉，在玻璃瓶的内外贴上一层锡箔；在瓶中装一条金属链，链与外部的金属棒连接；棒上装一个球；用一个装有绝缘柄的放电叉给莱顿瓶放电。这样改装后，莱顿瓶用起来更为方便。莱顿瓶作为人类最早的电容器，称其为世界上最早的“蓄电池”也不为过。另外，现在的收音机、电视机里面使用的电容器，就是根据莱顿瓶的原理制成的。

图1-3　莱顿瓶实物

小链接：莱顿瓶为什么可以储存电？①

今天，莱顿瓶经过一代代科学家的改进，其储存电的本领也越来越强，而且有了更为正式的名字：电容器。值得注意的是，我国的超级电容器的研发和生产技术已经走在了世界前列，这些储电本领极强的超级电容器早已进入我们的生活，例如超级电容器被应用于新能源汽车领域，如上海11路公交车为超级电容公交车，车辆运行中途只需充电30秒，即可行驶5至8千米，既节能环保又兼顾城市景观，而且车辆能通过电容器对制动能量进行回收利用，当车辆需要加速时，再将这些储存的能量释放出来，提高了能源的使用效率。

2018年，浙江大学高分子科学与工程学系高超团队研制出新型铝-石墨烯

①莱顿瓶内外两层锡箔是导体，而玻璃瓶体是绝缘体。内外两层锡箔带上等量异种电荷时，由于中间玻璃绝缘，两类电荷不能中和且彼此吸引，这样，等量的异种电荷就被“装”在了瓶子中。

电池。这种电池可以在－120℃至－40℃的环境中工作，而且它是柔性的，将它弯折1万次后，比容量完全不变，即使电芯暴露于火中也不会起火或爆炸。相比于锂电池，高超团队研发的铝–石墨烯电池展现出明显优势：一般电池随着反复充放电，比容量会不断降低，这就是俗话说的“不耐用”。但这块长相“毫不起眼”的铝–石墨烯电池在这一点上则表现优异。如果把一次充电–放电作为一次循环，这种电池经历25万次循环，比容量仍高达91%。如果智能手机使用这种电池，每天哪怕充电10次，也能用近70年。

特斯拉，不谈汽车谈梦想

如果科学不引人向善，那么它就是自身的堕落而已。

提起特斯拉，大家首先想到的可能是埃隆·马斯克创建的“Tesla”电动汽车品牌，而我们介绍的尼古拉·特斯拉则是一位了不起的发明家，他的许多发明影响和改变了世界。值得一提的是，特斯拉十分善于通过精心设计的科学实验，向社会（尤其是投资人）宣传并推广自己的发明。我们将时光倒流至19世纪，追随这位伟大发明家的脚步，见证人类技术史上那些伟大而经典的时刻。

1856年7月10日，特斯拉出生于奥地利帝国一个叫斯米连的小村庄（今属克罗地亚）。特斯拉曾在克罗地亚的卡尔洛瓦茨上学，1875年于奥地利的格拉茨科技大学修读电机工程专业，后又在布拉格大学就读。经过几年的发明尝试后，特斯拉在28岁时离开欧洲，只身前往美国，仅带了前雇主写给爱迪生的推荐信：“我知道两个伟大的人，您是其中之一，另一个就是这个年轻人了。”爱迪生雇下了特斯拉，两人开始不知疲倦地携手工作，爱迪生的发明也获得各种改

图1－4 在特斯拉博物馆，工作人员会让参观者做一些有趣的实验。其中一个实验，让每个亲历的人都感到震撼：参观者站在100多年前的线圈旁，双手握着没有连着电线的灯管，当给线圈通上电之后，参观者就会惊奇地发现，自己手中的灯管亮了

进。然而短短几个月后，两人便分道扬镳[①]，并最终发展为竞争对手。

赢得“电流战争”

同爱迪生分道扬镳之后，特斯拉在1885年拿到投资，随后创立了特斯拉电灯与电气制造公司，开始研发改良版的弧光灯照明。然而，成功之后，投资人不同意特斯拉关于交流电发电机的计划，并最终罢免了他的职务，以至于特斯拉那段日子不得不以体力劳动为生。

1887年，时来运转，特斯拉的交流电系统获得关注，他也找到愿意支持自己创建特斯拉电气公司的伙伴。当年年底，特斯拉已经成功拿到了多项交流电发

①历史学家认为这是他们性格迥异、理念相左：爱迪生非常强势，专注于市场和金钱上的成功；而特斯拉则没那么精于商道。按照特斯拉自己的说法，他离开爱迪生是因为后者的一次食言。1885年，爱迪生让特斯拉改进直流发电机，许诺只要做到就奖励5万美元，当时特斯拉一年的工资还不到1000美元，所以这是很大一笔钱。后来特斯拉真的做到了，当他向爱迪生要求发放奖金时，爱迪生却说：“哦，我那是开玩笑，你知道，这是美国式的幽默。”也有很多人认为，特斯拉提倡使用交流电，而爱迪生认为直流电才是社会的未来，两人在此问题上分歧严重，并演变为竞争对手，这也引发了后来著名的“电流战争”。

明专利。

一次偶然的机会，他的交流电系统引起了美国西屋电气公司的工程师兼商人乔治·威斯汀豪斯的注意，后者正在寻求一种能够解决长距离供电问题的途径。仔细了解过特斯拉的发明后，威斯汀豪斯在1888年出资6万美元（现金加股票）买下了交流电专利，并承诺对由此制造的每匹马力支付2.5美元的费用。随着交流电系统的发展，特斯拉携手西屋电气公司与爱迪生的通用电气公司展开了激烈的竞争（后者旨在将直流电卖给国家）。

爱迪生曾发动负面报道，以求削弱交流电所获得的支持。然而该来的总要来，1893年，为了庆祝哥伦布到达美洲400年，美国第二大城市芝加哥举办了世界博览会，向世界展示以电的使用为中心的第二次工业革命成果，由西屋电气公司负责会场的照明。夜晚，由特斯拉研发的交流电照明系统将万盏华灯点亮，整个会场如同白昼一般，交流电的优点第一次展现在人们面前。同年，西屋电气公司在与通用电气公司竞标尼亚加拉大瀑布水电站的竞争中胜出。1895年，特斯拉在尼亚加拉大瀑布设计了美国第一批交流电水力发电机。一年以

图1－5　芝加哥世界博览会是第一届完全采用电气照明的世博会，会场使用的是特斯拉的交流电系统

后,组约水牛城用上了交流电,一时间成为全球新闻。随后,交流电很快成为20世纪全世界广泛采用的优质供电方式,至今仍是世界通用标准。

推广无线照明系统

作为那个时代顶尖的发明家,特斯拉在自己的研究领域也有自己的梦想,在取得特斯拉线圈①的专利的那一年,他进一步在高频领域进行开发研究,他相信自己的技术平台能够容易地将交流电转化为光,并以此来革新整个电器行业。

为向公众和学界推广自己的想法,1891年,特斯拉在哥伦比亚学院做了"关于极高频率交流电实验及其在人造无线发光中的应用"的报告②。报告阐述了特斯拉关于无线照明的很多想法,并展示了如何利用高频交流电来点亮盖斯勒管和电灯。《电气评论》杂志的报道说:"在这里,特斯拉先生似乎变成了一个真正的魔法师……而观众们也都兴高采烈。"

为帮助观众们感受到高频交流电在电器照明方面的巨大潜力,特斯拉做了一个惊人的演示:两块巨大的锌板从天花板上垂下,彼此间隔约4.5米,并连接到特斯拉线圈③。特斯拉双手各持一支充气管走进两块锌板之间。当他挥动着细长的管子时,管子亮了,从两块锌板间的电场中吸收能量。按照特斯拉的解释,现在高频电流使得无线电气照明成为可能,电灯可以在房间里自由移动而不受导线的束缚。

①特斯拉线圈(Tesla Coil)是一种使用共振原理运作的变压器,由尼古拉·特斯拉在1891年发明,主要用来生产超高电压但低电流、高频率的交流电,为无线电和无线高频领域发展奠定了重要基础。

②为产生特需的电力,特斯拉将高频交流发电机安装在学院的电气车间,在讲台上设置了一个可以调节交流发电机频率的开关。

③将两块锌板连接到特斯拉线圈,锌板间就会形成非常强的电场。

图1－6　特斯拉1891年5月在美国电气工程师学会成员面前演示无线电灯

特斯拉特别热衷于进行那个充气管置于两个电板之间而发光的演示，因为对他来说，“它首次证明了我能在空中把能量传输一段距离”，并且是对他想象力的一个巨大鼓舞。

图1－7　马克·吐温1894年在特斯拉的实验室，左侧背景中的是特斯拉

沃登克里弗塔

在把电力以无线能量传输的形式送到目标用电器的试验成功之后，一心痴迷于能量无线传输的特斯拉，于1900年开始了他最具野心的项目：建造一个全球性的无线传输系统——通过巨大的电塔向全世界分享信息，免费提供电能。

TESLA'S TOWER

Amazing Scheme of the Great Inventor to Draw Millions of Volts of Electricity Through the Air From Niagara Falls and Then Feed It Out to Cities, Factories and Private Houses from the Tops of the Towers WITHOUT WIRES.

图1－8　特斯拉的无线传输塔，高56米，位于纽约沃登克里弗。按照特斯拉的设想，纽约城能从它那里获得电力，外出露营者、帆船爱好者和避暑胜地的游客能通过它与家中的亲友即时通信

1901年，特斯拉拿着投资人的15万美元，在美国长岛设计建造了实验室，并配有一台发电机和巨大的输电塔——我们后来熟知的沃登克里弗塔。当时的项目投资人甚至包括金融巨头摩根大通集团。沃登克里弗塔也被媒体称为“特斯拉的百万大建筑”。这其实是一个大功率的无线发射塔，按照特斯拉的设想，它可以向大西洋对岸传送电话、广播，甚至是无线输电。这个想法太过超前，到今天也没有全部实现，不过在当时它是一个很吸引投资人的概念。

发电机与电动机:孪生兄弟大不同

图1-9 迈克尔·法拉第

1791年,迈克尔·法拉第出生于伦敦市郊的一个贫困家庭。父亲是一名铁匠,家庭经常入不敷出。法拉第仅仅读了两年小学,12岁便上街卖报,13岁开始在印刷厂做学徒。但他凭着对科学的满腔热爱,自学完成了基础科学学习。一个偶然的机会,法拉第得到长辈赠予的大英皇家学院的听课券,讲课的正是时任大英皇家学院院长的戴维爵士。听完四次讲座,法拉第把演讲内容整理成装帧精美的书送给了爵士。戴维爱才若渴,招他为助手。就这样,1813年,法拉第开始了助手生涯,等待着"不鸣则已,一鸣惊人"的机会。

时间的车轮缓缓前行。1820年,丹麦科学家奥斯特在做一次有关电和磁的演讲时,意外地发现通电导线旁的小磁针轻微地晃动了一下。这一偶然发现像一道闪电,令他印象深刻。奥斯特进一步实验,他在南北放置的直导线附近放置一枚小磁针,当导线中有电流通过时,磁针像受到牵动一样发生了偏转。这一被后世命名为"电流磁效应"的发现吸引了很多物理学者的目光。

法拉第就是其中一位。他受此启发,认为假如磁铁固定,线圈就可能会运动。根据这种设想,1821年9月,他果然成功地发明了一种简单的装置。在装置内,只要有电流通过线路,线路就会绕着一块磁铁神奇地不停转动。其原理如图1-10所示,在一个盘子内注入水银,盘子中央固定一块永磁体,盘子上方悬挂一根导线,导线的一端可在水银中移动,另一端跟电池的一极连接在一起,电池的另一极跟盘子连在一起，构成回路，电路接通后导线在磁场中运动。这就是世界上第一台用电流驱动物体运动的装置，即电动机。

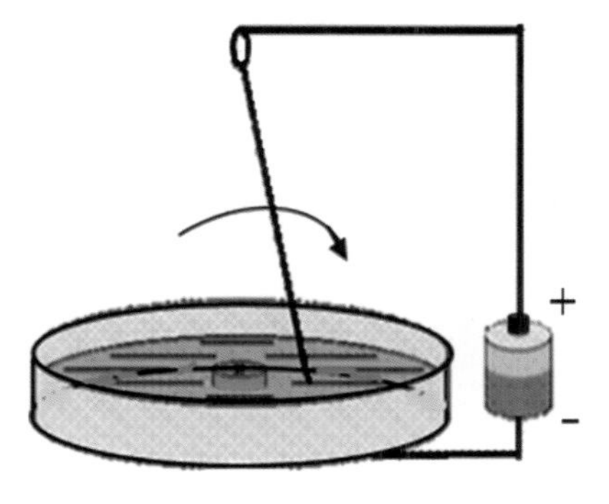

图1－10 第一台电动机原理图

虽然该装置简陋，但它却是当今世界使用的电动机的“祖先”。遗憾的是，当时，它的实际用途十分有限。

接下来的日子，科学家们对“磁与电”的研究各显神通。比如来自法国的物理学家安培就用了大量实验来研究磁场方向与电流方向之间的关系，并总结出安培定则。但关于“磁与电”的科学实验就到此为止了，因为谁也没有“魔力”让小磁针有进一步的动作。

就在大家一筹莫展的时候，法拉第灵机一动：既然电能够产生磁，反过来，磁也应该能产生电吧？这种逆向思维方式犹如传闻中砸中牛顿脑袋的苹果，对新规律的发现具有举足轻重的作用。沿着这一思路，他尝试利用静止的磁力对导线或线圈的作用产生电流，结果无一例外，都“没有效应”。在近10年的时间里，法拉第屡战屡败，屡败屡战。与此同时，人们一直在寻找产生强大电流的方法，力求使电达到工业应用的要求。人类已经走到了成功的门口，只等法拉第来完成临门一脚。

“山重水复疑无路，柳暗花明又一村。”一年又一年、一次又一次的实验失败终于迎来了历史性的转折，1831年8月29日，法拉第在一次实验中观察到了小磁针的摆动。在《法拉第日记》里，他做了这样的记录：

1. 从磁产生电的实验等。

2. 用圆铁棍制作一个铁环（软铁——法拉第注），铁棍粗$\frac{7}{8}$英寸（约2厘米）。铁环直径约6英寸（约15厘米）。一半缠绕多圈铜丝，之间用细绳和棉布隔开——有三段导线，各长约24英尺（约7米），可以连接成一根或分别利用（如

图1－11　法拉第用过的线圈

图1－11)。用一个电槽测试,发现各段之间完全绝缘,圆环这一侧称为A。与A分开的另一侧缠绕两段导线,共长约60英尺(约18米),方向与前面相同,这一侧称为B。

3. 一个由10对4平方英寸(约25平方厘米)极板组成的电池充电。B侧线圈连接成一个线圈,末端用铜线连接。铜线恰好伸到不远处一个小磁针[距离圆环3英尺(约0.9米)]的上方。然后把A侧一段线圈的末端与电池连接,小磁针立刻产生一个可察觉的效应,摆动以后回归到原来位置,断开A侧与电池连接的时候,小磁针又会摆动。

一个通电线圈的磁力虽然不能在另一个线圈中引起电流,但是当通电线圈的电流刚接通或中断的时候,另一个线圈中的电流计指针有微小偏转。这就是著名的“圆环实验”。法拉第喜极而泣。至此他心明眼亮,经过反复实验,都证实了当磁作用力(现在称之为“磁感线”)发生变化时,另一个线圈中就有电流产生。这样,法拉第终于用实验揭开了“磁生电”的面纱。

“……在此,效应是明显的,但是瞬时的。”如何得到持续稳定的电流输出呢?法拉第张开了想象的翅膀。为了减少摩擦,他用漂浮在水银上的铜导线进行实验,结果发现,这根铜导线,可以飞快地转动。受其启发,同年10月28日,法拉第用铜盘取代了线圈,圆心处固定有一个摇柄,铜盘的边缘和圆心处各与一个黄铜电刷紧贴,用导线把电刷与电流表连接起来,铜盘置于马蹄形磁铁的磁场中。当他转动摇柄,使铜盘旋转起来时,小磁针偏向一边而不是“摆动以后回归到原来位置”,至此,美梦成真,电路中终于得到了稳定的电流输出,世界上第一台发电机——“圆盘发电机”(如图1－12)终于应运而生!法拉第欣喜若狂。

诚然,法拉第圆盘发电机依然十分简单,当时有人说它像一件简陋可笑的小孩玩具，产生的电流甚至不能让一只小灯泡发光。但这是世界上第一台发电机，从这一刻开始，人类拉开了机械能转化为电能的序幕，开启了电气时代。

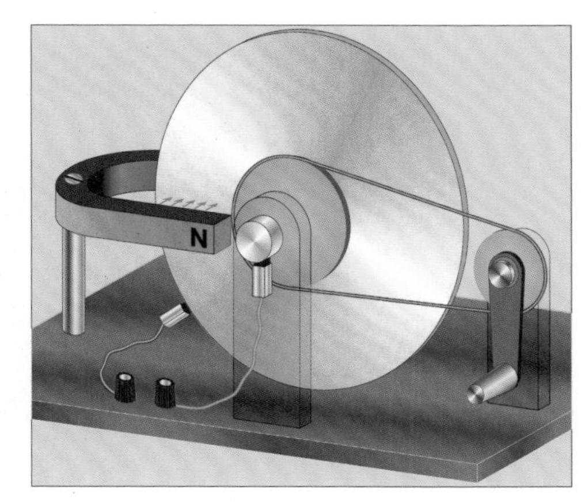

图1－12　法拉第圆盘发电机示意图

在此之后的60年是直流发电机的60年，科学家们以电磁铁代替永磁体，改进励磁方式，改进电枢转子……他们不断提升直流发电机的性能，开创了直流发电机的新篇章。

随着直流输电技术的限制日益突显，工程师们开始青睐交流发电机。

特斯拉在格拉茨上学期间的某一天，学校从外地运来一台被称为“格雷姆机器”的直流电设备（一台既可以用作电动机也可以用作发电机的设备）。特斯拉对它十分着迷。但美中不足的是：这台机器有一个用金属丝缠绕的电枢，装有一个整流子，机器运转时会冒出大量火花。特斯拉经过思考后向任课教授提议：“可以对机器的设计做些改进。方法是取消整流子，改用交流电，这样就没有火花了。”教授听完后捧腹大笑，毫不留情地指着特斯拉说：“这是永动机，是根本办不到的！”但特斯拉相信他能办到。在离开格拉茨的几年里，特斯拉始终没有停止思考这件事情。数年之后，他给美国电气工程师学会做了一个报告，在报告中他提出一种简明而又实用的新科学原理，即两个或两个以上互不同步的交流电会产生旋转磁场，同时公布了一张基于该原理的发电机（交流发电机）草图。这一原理一经推广应用，便在整个技术界掀起了一场浩浩荡荡的革命。他创造了由异步电流产生的磁力旋流，从而使整流器以及为电流提供通路的电刷都不必要了。他成功地一举驳倒了教授的论断。

图 1 – 13　特斯拉电机

发电机发展至今，水电、火电、风电、核电……百花齐放。我国的发电能力稳居世界前列。国之重器——世界单机容量最大的白鹤滩100万千瓦水电机组（如图1 – 14）首台座环，于2017年10月17日在哈电集团电机公司水电分厂通过验收。白鹤滩水电站是长江三峡集团公司在川滇交界处金沙江下游河段开发的水电站，预计2022年完工，建成后将成为仅次于三峡水电站的中国第二大水电站。

图 1 – 14　白鹤滩100万千瓦水电机组

电动机和发电机的发明使生产开始向自动化、电气化发展，给了人类社会前进的“心动力”，是一次较之以蒸汽机技术为代表的变革更为深刻的动力革命，而且这次革命不论是现在还是将来都会为人类的发展做出巨大的贡献。

粒子？波？光的本质到底是什么（一）

图1－15　光让我们能够欣赏身边的世界

光的运动速度极快，但究竟是什么“东西”在动？面对这个问题，恐怕大部分人都说不清楚。在过去的百余年间，科学家在对光的本质研究方面取得了一系列的突破，向世人揭示了物理实验的一个个“高光时刻”。

光是一种电磁辐射

按最通俗、最规范的说法，光是一种电磁辐射。比如我们都知道，夏日里接受过多的日光照射容易损伤皮肤，暴露在辐射环境之中可能会引发癌症，将这两者联系在一起应该并不困难，但并非所有的“辐射”都是相同的。事实上，科学家也是在19世纪末才最终找出光辐射的本质，有趣的是，不是来自对光的研究，而是来自他们对电和磁现象的研究。英国物理学家麦克斯韦在1864年首次从理论上证明：电磁场的运动具有波的性质，且其速度基本上是光速。通过这一结论，麦克斯韦进一步推断，光本身可能也正是由电磁波所携带的，这就意味着:光是一种电磁辐射。到了1888年,德国物理学家赫兹首次通过实验证明电磁波具有反射、折射、偏振等性质,从而证明麦克斯韦关于电磁波的理论概念是正确的。

光的颜色

图1－16　彩虹里有7种不同的颜色,对应不同波长的电磁波

光是一种电磁辐射,而且是由不同的颜色组成的。例如,雨后的彩虹就是自然光的多色本质的天然展示——不同的颜色与电磁波的频率(或波长)对应。位于彩虹外侧的红色光对应的是波长在620至750纳米之间的电磁波辐射;而紫色光对应的则是波长在380至450纳米之间的电磁波辐射。但在这些可见的颜色之外,还存在着其他波长的电磁辐射。例如,波长比我们看到的红色光更长的光被称作红外光(也叫红外线),而波长比我们看到的紫色光更短的光则被称为紫外光(也叫紫外线,烈日暴晒时会使人体受到过多的紫外线照射,从而造成皮肤损害)。尽管我们通常把红外光和紫外光都称为“光”,但对于那些波长比红外光更长,或是比紫外光更短的电磁波,我们就不再将它们以“光”来命名了。比如波长比紫外光更短的是X射线和γ(伽马)射线;在另一端,波

长比红色光更长的有红外光，有些电磁波的波长也可以远远超出红外光，其波长可达数千千米。它们也拥有一些我们非常熟悉的名字：微波和无线电波。原来，收听广播电台的无线电波竟然和光是同一类“东西”，它们都是电磁波。只不过，我们所谓的“光”其实只是电磁波中非常窄的、恰好能被人眼感知到的电磁波波段，电磁波中也有人眼看不到的波段（紫外线、微波、无线电波等）。

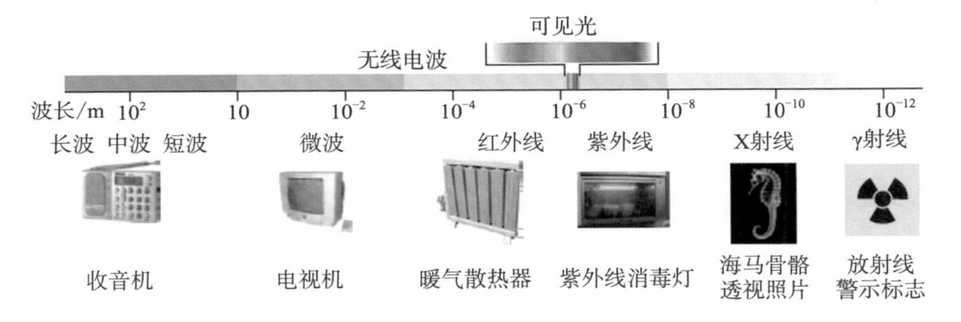

图1－17　常见波段

是粒子还是波?

数百年来，科学家们一直致力于弄清楚：光究竟是以何种方式存在并传播的？一部分科学家认为光的形式有点类似波或水里的波纹，但可能需要一种难

图1－18　透过树丛的光：它究竟是粒子还是波

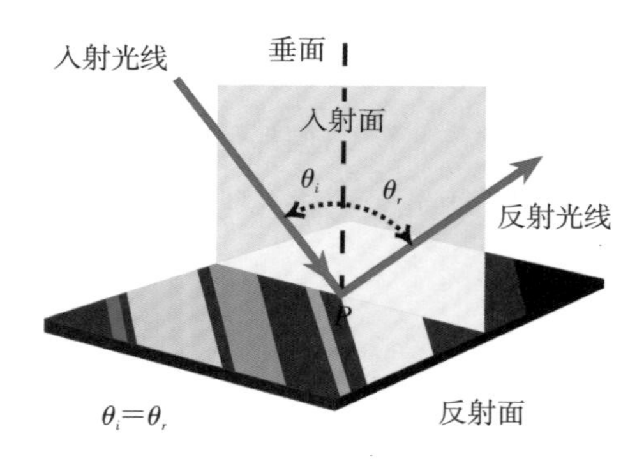

图1－19　牛顿注意到，光在镜面间遵循严格的入射和反射路径，他意识到这是粒子流的特点

以捉摸的神秘物质“以太”来进行传播（1887年迈克耳逊和莫雷用实验证实“以太”是不存在的）；但另外一些科学家则认为：光应当是粒子流。

牛顿更倾向于第二种理论，即光的粒子说。牛顿在实验中注意到，光的传播遵循严格的几何法则。如果你垂直于镜子射出一束光，它必定会原路反射回来，这跟你发出一个乒乓球击中镜子之后反弹回来是一样的。牛顿认为如果光是波，不应当会具备这种粒子的特性。据此，牛顿推断光必定是由某种非常微小的、没有质量的粒子所组成的。

但这一理论在1801年受到挑战，英国物理学家托马斯·杨开展了他著名的“双缝实验”来证明光具有波的特性。具体的过程是：将单色光源的光穿过两道狭缝后，使其在狭缝后的光屏上成像。很多人的心理预期是会看到两道明亮的光带，然而，托马斯·杨的实验却发现，情况似乎有点诡异：光屏上呈现的并非两道细细的光带，而是一系列明暗相间的条纹。也就是说，当光通过狭缝时，其表现出来的行为与水波穿过狭窄开口时表现出的性质基本一致。而在双缝实验中，当“光波”穿过两道狭缝并彼此相遇，且波峰遇到对方的波谷时，振动情况相互抵消，形成暗条纹；而当波峰与波峰相遇时，振动情况叠加后增强，从而形成亮

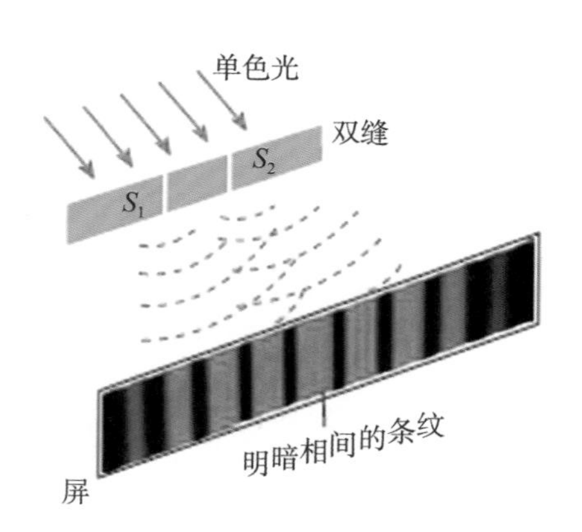

图1－20　光的双缝实验以及得到的明暗相间条纹。这一著名实验证明光具有波的性质

条纹。于是,明暗相间的条纹便出现了。

从此,托马斯·杨的实验无可争议地证明了光的波动理论的正确性,加之麦克斯韦的工作已经为光是一种波的理论奠定了坚实的数学基础,于是尘埃似乎落定:光是一种波!

粒子?波?光的本质到底是什么(二)

托马斯·杨的双缝实验让人们认识到:光是一种波。

难道对光的本质的探索就此结束?还没有,因为著名的量子论还未登场!

19世纪末,物理学家发现:一个物体辐射出的电磁波取决于它自身的温度,不同的温度会产生不同的辐射量。著名的瑞利勋爵将当时的物理统计知识应用到黑体辐射问题上,研究能量是如何分布在不同的频率之间的,但计算结果不仅与测量的光谱不一致,而且没有任何意义。计算结果预言,集中在高频处的能量将会无限大,这就是著名的“紫外灾变”(此处的“紫外”是“高频”的一种说法)。1900年,德国物理学家马克斯·普朗克发现,通过计算可以解决这一问题,但前提是必须将电磁辐射视作由单独的“小份”构成。普朗克将这种“小份”称作“量子”。几年后,正是借用这一思想,爱因斯坦才能成功地为另外一个棘手的实验现象给出解释。

此前物理学家们注意到,用可见光或紫外光照射一块金属板,金属板会带上正电荷,他们将这种现象称作“光电效应”。但为何会出现这种现象,物理学家们感到困惑不已。爱因斯坦指出,这一现象背后的本质是金属板中的原子在这一过程中失去了带负电的电子。显然,照射金属板的光携带了足够的能量,让金属板中的一部分电子能够挣脱原子结构的束缚。

然而,如果更加仔细地审视这些电子的行为,就会发现一些诡异的现象:只需要改变照射光的颜色，我们就能轻松改变光携带的能量的大小。尤其是，相比接受红色光照射的金属板，接受紫色光照射的金属板释放出来的电子拥有更高的能量。既然如此，那么，光仅仅是一种简单的波就难以解释了。

一般来说，要想让某种波的能量更强，你需要使它变得“更高”——想象一下海啸冲向陆地时的画面——而不是让波本身变得更长或是更短。由此推断，要想让照射金属板的光能够为金属板释放出的电子传递更多的能量，那就应当让光这种波更“高”，简单来说就是，增加光照的强度。而改变光的波长，也就是颜色，不应该会产生什么改变才对。

在这一令人困惑的现象面前，爱因斯坦意识到，普朗克提出的光的“量子化”思想，能够很好地解决这一问题。爱因斯坦提出，光是由许许多多微小的“能量单位”组成的，这种离散的“能量单位”与光的波长直接相关：波长越短，则其中的“能量单位”越密集。这样就能够解释为何波长较短的紫色光会比波长较长的红色光携带有更多的能量，因为紫色光的波长更短！

同时，它也可以解释为何单纯增加光照亮度并不会对金属板的电子释放产生什么影响——在更亮的光照条件下，光源只会向金属板传输更多的“能量单位”，但并不会改变每一个“能量单位”所携带的能量大小。简单地说，单一紫色光“能量单位”能够为一个金属板中的电子传输更多的能量，而红色光的“能量单位”不管有多少数量，也达不到这样的目的。

爱因斯坦将这些“能量单位”称为“光子”。现在，光子已经被物理学界作为一种基本粒子予以承认。可见光是由光子构成的，其余所有的电磁波，包括X射线、微波和无线电波也都一样。换句话说，光是一种粒子。

光的波粒二象性及其价值

至此，物理学家们决定结束这场旷日持久的争执——光到底是粒子还是波，这两种模型都拥有确凿的实验证据，无法否定其中的任何一种。实际上，光会同时表现出粒子与波的特性。换句话说，光具有波粒二象性。尽管光的波动方程和粒子方程都能非常好地描述光的行为，但在某些特定的情况下，其中的一种描述方程会比另外一种更容易应用。

例如，有许多物理学家正在开展有关量子加密通信的研究，对他们来说，在开发这些功能时是把光看作了粒子。他们的研究是基于量子物理学的一项奇异性质：两个基本粒子，如一对光子，其两者之间可以相互“纠缠”。纠缠粒子之间存在一项令人惊异的性质：无论两者之间相距多远，如同有心灵感应一般，它们之间都可以共享某些相同的性质。如果把甲、乙两个纠缠粒子放在A、B两地，改变A地的粒子，B地粒子也同时发生相应改变。因此人们便可以利用这种性质来实现地球上不同两点之间的信息通信。

这种纠缠粒子的另外一项性质是，当对其进行观察时，将会改变纠缠粒子的量子态。因此，从理论上说，如果有任何人试图窥探使用了量子光学技术加密的信息都将会立刻暴露。2017年，中国科学技术大学潘建伟团队利用“墨子号”量子科学实验卫星首次实现了千千米级的量子纠缠。在这项具有里程碑意义的研究中，卫星将处于纠缠态的光子发送到相距超过1200千米远的地面基

图1－21 神秘的纠缠粒子（艺术想象图）。成对的纠缠粒子之间，任一成员粒子的状态发生改变都会立即引起另一个粒子的相应变化，这种影响不受时间与距离限制

站，为更远距离的量子通信打下了基础。可以预见，随着技术的进步，光学还将带领我们目睹更多前所未见的奇景。

而另外一些物理学家则更加关注光在电子学领域的应用。对他们来说，将光视作是可以被操控的电磁波将会更有意义。

一种被称为“光场合成器”的现代设备可以以非常精确的方式实现光波之间的同步性。这样它就可以产生相比普通灯泡发出的光线强度更高、持续时间更短并且具备方向性的光波脉冲。在过去的15年间，这样的设备被广泛用于对光的控制。2004年，科学家成功创造出持续时间仅有250阿秒的X射线脉冲，而一阿秒相当于100亿亿分之一秒（10^{-18}秒）。

使用这种极短的光脉冲作为相机闪光源，研究组成功拍摄到可见光的单个波形图像，后者的振荡周期要比这种脉冲持续时间长得多。他们几乎拍摄到了光波在空间中运动的图像。有科学家表示：“我们从麦克斯韦的时代起就已经知道，光是一种振荡的电磁场，但在此之前还没有人能够想到，有朝一日我们甚至可以直接拍摄到真实的光波影像。”

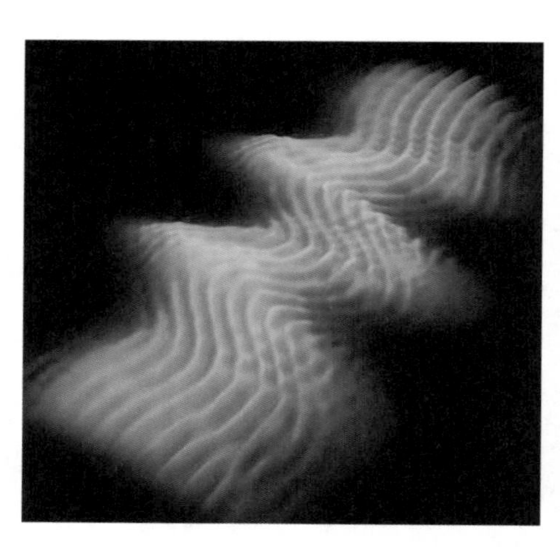
图1－22　2004年，科学家利用持续时间仅仅250阿秒的光脉冲作为相机闪光源，成功拍摄到可见光的单个波形图像，从而首次捕捉到了光波在空间中运动的图像

能够看到单独的光波是迈向控制和利用光波传输信息的第一步。目前我们已经利用波长更长的电磁波实现了信息传输，如我们利用无线电波传输广播和电视信号。

一束光的特性有光色、波长，还有角动量。角动量是描述物体转动量的物理量。对一束光而言，尽管传播方向为直线，但光依然可绕中心轴转动。人们一直以为所有形式的光的角动量是个复杂的普朗克常数（描述量子效应的物理常数)。2016年,《科学》杂志网站发表了一个科学家团队的研究成果,来自都柏林圣三一学院物理系的凯勒·巴兰汀博士和保罗·依斯顿教授,与来自克兰的约翰·多尼根教授展示了光的一种新形式,每个光子(可见光的基本微粒)的角动量都只是普朗克常数的一半。

他们致力于研究纳米光子束,是在纳米量级上光的表现形式的研究。研究团队先利用这种现象将光束变为一种螺旋状结构,再通过一种特殊人工设备,来测量一束光的角动量流,实验显示:每个光子的角动量都是普朗克常数的一半。

自20世纪80年代起,理论物理学家就在猜测自由移动的二维粒子在三维空间内如何受量子力学作用。他们发现这能产生奇怪的新现象,包括量子数为预期分数的微粒。这项研究第一次显示这些猜想可用光来证明。

于是,我们对光又有了一种新的描述方式:光可以是一种工具。地球上最早的生命诞生以来,生命就一直依赖阳光而获得能量。人类的眼睛是光子探测器,我们借助可见光了解我们身边的世界。而现代技术只不过是让这个想法更向前迈进了一步。2014年,诺贝尔化学奖授予了发明一种强大显微镜技术的研究人员,这种显微镜的能力强大到令人难以置信,甚至一度被认为在物理学上是不可能实现的(传统的光学显微镜分辨率有一个物理极限,即所用光波波长的一半)。可以预见,随着技术的进步,光学还将带领我们认识更光明的未来。

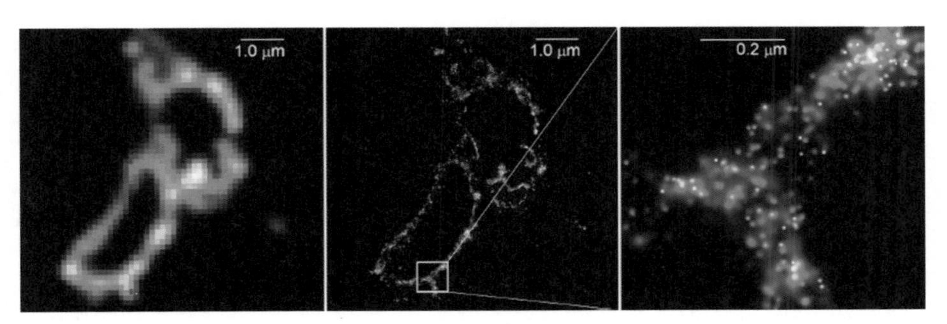

图1-23　左图为通过传统光学显微镜得到的溶酶体膜的图像;中图是通过单分子显微镜得到的同一溶酶体膜的高分辨率图像;右图是中图的局部放大图

让人等待百年的沥青滴漏实验

图1－24　蜂蜜黏度大，流动性差

喜欢甜食的朋友估计都有过这样的烦恼，舀完蜂蜜后，勺子表面就会覆盖一层怎么抖都抖不掉的甜蜜液体。怎么办？很多人即便知道会甜得发齁，也要把勺子直接放到嘴里，舔得干干净净。

这个时候问题就来了，为什么蜂蜜容易粘勺，而水就不会呢？

因为——它们的黏度不同！

简单地说，黏度大的液体流动性差，黏度小的液体流动性强。常温下，蜂蜜的黏度是水的黏度的1000倍，试想一下，让蜂蜜乖乖地从勺子里流出来会容易吗？

科学家对这种高黏度的液体，似乎格外有兴趣。

90多年前，故事的主人公之一，澳大利亚昆士兰大学的帕奈尔教授，发起了一个牵动无数人将近一个世纪的超长时间实验——沥青滴漏实验。他想借此实验向学生证明，在冷却状态下很容易被锤子砸碎的沥青，也可以像液体一样流经漏斗，从底部滴出。帕奈尔教授先是花了3年时间让一小杯沥青彻底凝结成固体，然后把装它的漏斗状容器的底部剪开，让它开始滴漏。

实验的准备工作已经就绪，那就等结果吧，而这一等就是长达好几年的观察：看起来是固体的沥青，到底什么时候会滴下第一滴呢？事实上，等待这第一滴沥青滴下来，花了教授8年11个月的时间，遗憾的是，在那个没有录像机的年代，帕奈尔教授并没有亲眼见证这历史性的一刻……

在那之后，“观察沥青完整地滴下一滴”就变成了很多学者心里比中彩票还难实现的心愿。于是，故事的第二个主人公出场了。

1961年，在澳大利亚昆士兰大学工作才两天的物理学家约翰·梅德斯通无意间发现了这个古怪的小实验，而在当时该实验已经在橱柜里悄悄地进行了34年。

图1－25　目前仍存放于昆士兰大学的沥青滴漏装置

梅德斯通教授开始负责监测这个实验，一上任就是52年。虽然梅德斯通教授对亲眼见证沥青滴落这件事情并没有非常热衷，也没有头脑发热地天天蹲守观察，但可气的是，在一个实验间隙，教授口渴出实验室取水的那短短几分钟里，第七滴沥青居然滴落了……

图1－26　梅德斯通教授和沥青滴漏实验装置(摄于1990年)

彩票没中没关系，知道自己中了头奖可彩票丢了才是最让人崩溃的，梅德斯通教授肠子都悔青了！

为了避免这样的“悲剧”再次发生，管理员马上安装了录像机。可是，人算不如天算，科技都没能阻止“悲剧”的再次发生，就在第八滴沥青即将滴落的瞬间，录像机坏了！

真是好事多磨啊！

沥青最近的一次滴落发生在2014年，沥青滴终于落到杯子里了，眼看着人类即将迎来等了十几年之久的这一滴沥青，这时候，管理员发现事情好像有点不对。杯子里之前的沥青堆得太高了，新的沥青貌似滴不下来了。还能怎么办呢，也不能一直让它这么堵着啊，当然只能换杯子了，等了13年半的第九滴沥青就这么被活生生地人工扯断了……

漏斗中还剩有大量的沥青，不出意外的话，在未来的150年里，它仍将无视世间纷扰，平静地准备着下一次滴落。为此，昆士兰大学的学者们为了完美见证第十滴沥青的滴落，甚至创了一个网站，在网站上里，任何人都可以随时观看沥青滴落直播。

表1–1　沥青滴漏实验时间表

年份	状态	到达此状态所用时间	从切开封口所用总时间	从假设实验所用总时间
1927年	架设实验	/	/	/
1930年	切开封口	3年	/	3年
1938年12月	第一滴	8年11个月	8年11个月	11年11个月
1947年2月	第二滴	8年3个月	17年1个月	20年1个月
1954年4月	第三滴	7年2个月	24年3个月	27年3个月
1962年5月	第四滴	8年1个月	32年4个月	35年4个月
1970年8月	第五滴	8年3个月	40年7个月	43年7个月
1979年4月	第六滴	8年8个月	49年3个月	52年3个月
1988年7月	第七滴	9年3个月	58年6个月	61年6个月
2000年11月28日	第八滴	12年5个月	70年11个月	73年11个月
2014年4月20日	第九滴	13年6个月	84年5个月	87年5个月

沥青滴漏实验确实漫长，但它绝对不是毫无意义，帕奈尔教授发起这个实验的初衷，其实是启发他的学生们——那些看起来像是固体的物体其实也有可能流动。历数实验历程，87年，9滴沥青，速度如此之慢，堪称世界上最慢的滴

漏，但帕奈尔教授是成功的。

严格地说，这个实验并不是一个科学发现的温床。在90多年的时间里，此项研究只产生了一篇科学论文，该论文计算出沥青的黏度是水的2300亿倍。正如梅德斯通所讲：“无论世事如何变幻无常，沥青始终遵循着自己固有的规律。”

但有些问题，或许的确需要我们穷尽几十年，甚至几个世纪去寻找答案。例如，创造了多项世界纪录的港珠澳跨海大桥，设计寿命长达120年，工程师们就必须考虑，海水的盐度对桥体建造材料的腐蚀问题。幸好，我们的科学家多年前就进行了长时间跨度内海水盐度对钢筋混凝土的腐蚀问题的研究。根据实验数据，研制出了符合工程需要的特殊混凝土和防护材料，从而保证这项世纪工程能够更久地造福于中国人民。

图1－27　雄伟的港珠澳大桥

风洞实验——听，风在耳边呼吸

从古至今，人类对天空的向往从未停止，远古时期，人类就梦想像鸟儿一样飞翔，以便能找到更多的食物，但这仅仅是一个梦想。古代中国，有人借助风的力量做成了风筝，有人借助螺旋桨的原理玩起了竹蜻蜓，有人借助热气的推力

图1－28　万户飞天

放飞了天灯。明朝时有一个叫万户的人，想要借助火箭的力量飞行，他把47个自制的火箭绑在椅子上，自己坐在上面，双手举着2只大风筝，然后叫人点火发射，设想利用火箭的推力升空，然后利用风筝的阻力缓慢下降。不幸的是火箭爆炸了，万户也为此献出了生命。

让我们再把目光转向中世纪后的欧洲，欧洲人先后制造出了热气球、飞艇和滑翔翼。为了更好更安全地研究飞行，在1869—1871年，英国人韦纳姆建成了世界上公认的第一个风洞，这是一个两端开口的大木箱子，截面45.7厘米×45.7厘米，长3.05米。韦纳姆用它进行了世界上第一个风洞实验，测量了物体与空气发生相对运动时受到的阻力。

什么是风洞？风洞是能人工产生和控制气流，以模拟飞行器或物体周围气体的流动，并可度量气流对物体的作用以及观察相应物理现象的一种管道状实验设备，它是进行空气动力实验最常用、最有效的工具。

图1－29　风洞和飞机模型

风洞实验的基本原理是相对性原理和相似性原理。什么是相对性原理呢？无风的天气，我们骑着自行车，以5米每秒的速度前行，会感觉有风迎面吹来；有风的天气，我们站着不动，而风以5米每秒的速度吹过来，两种情况下我们的感觉是一模一样的，这就是运动的相对性！根据相对性原理，飞机在静止空气中飞行所受到的空气作用力，与飞机静止不动、受到空气以同样的速度反方向的作用力是一样的。但实际的飞机迎风面积比较大，如机翼，翼展短的几米、十几米，大的几十米（波音747是60米），使迎风面积如此大的气流以相当于飞机飞行的速度吹过来，其动力消耗将是十分惊人的。根据相似性原理，我们可以将飞机做成几何形状相似的小尺度模型，气流速度在一定范围内也可以低于飞行速度，其试验结果可以推算出在实际飞行时作用于飞机的空气作用力。

设计新的飞行器必须经过风洞实验。风洞中的气流需要有不同的流速和不同的密度，甚至不同的温度，才能模拟各种飞行器的真实飞行状态。风洞中的气流速度一般用实验气流的马赫数（M，表示飞机的飞行速度与当地大气中的音速之比）来衡量。风洞一般根据流速的范围分类：M＜0.3的风洞称为低速风洞，这时气流中的空气密度几乎无变化；在0.3＜M＜0.8范围内的风洞称为亚音速风洞，这时气流的密度在流动中已有所变化；0.8＜M＜1.2范围内的风洞称

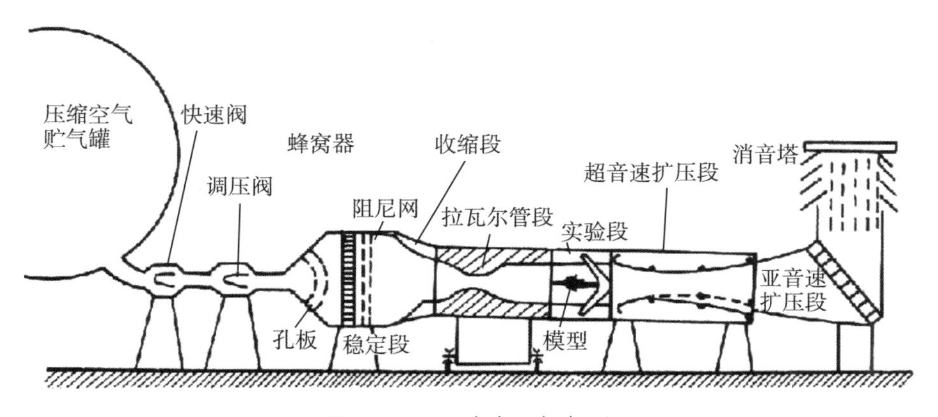

图1－30　下吹式三音速风洞

为跨音速风洞；1.2＜M＜5范围内的风洞称为超音速风洞；M≥5的风洞称为高超音速风洞。风洞也可按用途、结构、实验时间等分类。

流体力学方面的风洞实验的主要分类有测力实验、测压实验、传热实验、动态模型实验和流态观测实验等。风洞实验会有一定的局限性，但它有如下四个优点：①能比较准确地控制实验条件，如气流的速度、压力、温度等；②实验在室内进行，受气候条件和时间的影响小，模型和测试仪器的安装、操作、使用比较方便；③实验项目和内容多种多样，实验结果的精确度较高；④实验比较安全，而且效率高、成本低。因此，风洞实验在空气动力学的研究、各种飞行器的研制方面，以及在工业空气动力学和其他同气流或风有关的领域中，都有广泛应用。

美国的莱特兄弟在他们成功地进行世界上第一次动力飞行之前，于1900年建造了一个风洞，截面40.6厘米×40.6厘米，长1.8米，气流速度40—56.3千米每小时。1901年莱特兄弟又建造了风速12米每秒的风洞，为他们的飞机进行有关的实验测试。

德国在1907年就成立了哥廷根空气动力试验院，并在此后修建了一批低速、高速、超高速和特种风洞，让德国在世界上率先研制出喷气式飞机和弹道导弹，1945年第二次世界大战尚未结束时，设计并建造了一个最高达10马赫的高超音速风洞。战争结束后，美国获得相关技术，修改后至1961年建立了最高12马赫的风洞。而美国还拥有世界上最大的风洞，尺寸达到24.4米×36.6米，不需要制作模型，就足以试验一架真正的飞机。现代飞行器的设计对风洞的依赖性很大，20世纪50年代美国B－52型轰炸机的研制，曾进行了约10000小时的风洞实验，而20世纪80年代第一架航天飞机的研制则进行了约100000小时的风洞实验。

风洞实验的水平体现了一个国家航空航天的水平，更体现国家制空权水平。我国第一座风洞是1934年清华大学自行设计的低速风洞，1936年建成，在日本侵华战争中被毁；之后，又在南昌筹建了4.57米低速风洞，1937年基本完工，1938年又在日本飞机的轰炸中受损。1949年之后，哈尔滨军事工程学院、北京大学等都相继建造了低速风洞。为了加速发展中国的航空航天事业，根据钱学森、郭永怀的构想，国家于1965年在四川组建了高速空气动力研究机构，随后又相继迅速组建了超高速和低速空气动力研究机构，该机构装备有亚洲最大的风洞群，拥有8座世界级辅助设备，建成峰值运算速度达每秒10万亿次的计算机系统；风洞试验、数据计算和模型飞行试验三大手段齐备，能够进行从低速到24倍声速实验，模拟从水下、地面到94千米高空环境，是中国规模最大、综合实力最强的国家级空气动力实验中心，综合实验能力跻身世界先进行列，气动力、气动热、气动物理、气动光学等领域的空气动力实验，都可以在这里完成。还有我国装备的JF12复现高超声速激波风洞，是国际首座超大型高超声速激波风洞，集成性能更是处于国际领先水平，可复现25—47千米高空、5—9马赫飞行条件，为我国的高超声速研究提供必要条件。

随着工业空气动力学的发展，风洞在交通运输、房屋建筑、风能应用等领域

图1－31 风洞和桥梁模型

也发挥着重要作用。如今，从歼－10、东风导弹到“神舟”飞船，从高铁、东方明珠塔再到跨海30多千米的杭州湾大桥，都在经过一系列风洞实验之后，一步步成为现实！

一次失败实验诞生的中微子天文学

科学实验常常伴随着失败，很多精心设计和建造的科研工程都以失败终结，这听上去非常令人沮丧，但科研确实没有那么容易，科学是在不断试错中发展的！然而，有些实验虽然没能达到设计初衷，却意想不到地收获了其他成果。1987年，一个精心设计并建造的科研工程本来是为了探测质子衰变，却探测到银河系外的一次超新星爆发，从而促使了中微子天文学的诞生。

中微子是理论物理学的一个重要成功案例。回到20世纪初，当时科学家已经发现了3种衰变：

图1－32 气雾室试验，可以直接观测到粒子射线，但无法观测到中微子

α衰变：一个原子核释放一个α粒子（氦原子核），元素周期表中后退2格；

β衰变：一个原子核释放一个β粒子（电子或正电子），元素周期表中前进1格；

γ衰变：放射出高能光子，元素周期表中无变化。

在物理学定律下，初始反应物的能量和动能必须与反应变化后的相匹配。α衰变和γ衰变都符合，但β衰变貌似有能量损失，如确有损失，那能量去哪里了？

1930年，理论物理学家泡利提出一个设想——新粒子中微子。它非常小，中性，具有能量和动能，它不吸收也不发射光，仅仅与原子核发生相互作用，因此非常难被探测。泡利当时也很无奈，他表示，他提出了一个几乎不能被探测的假想粒子。但后来，科学家还是探测到了中微子！

图1－33　核反应堆用于试验研究中微子

1956年，科学家在一个核反应堆中探测到了中微子（更准确说，是反中微子）。中微子与原子核相互作用后有两个结果：

就像桌球撞击一样，要么分散开，要么弹回；引发放射一种新的粒子。

因此，我们是能够建造特殊的探测器探测这种相互作用的。这就是1956年科学家在核反应堆的边缘设置探测器，并成功探测到中

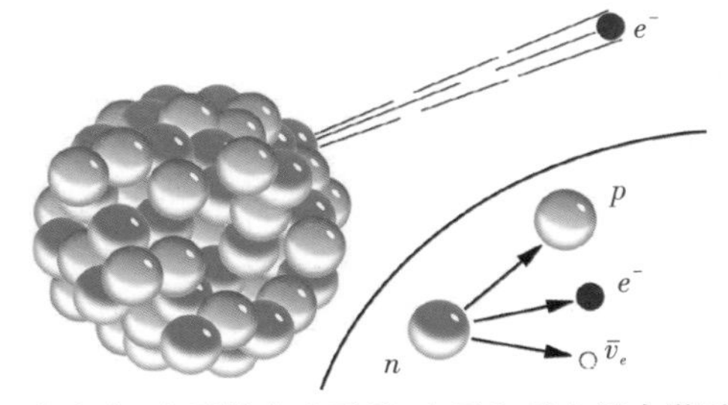

β衰变中，中子转变成质子、电子和反电子中微子

图1－34　β衰变示意图

图 1－35 霍姆斯特克金矿在 123 年前开始运营，1968 年，首个探测到来自太阳中微子的实验就是在这里进行的

微子与原子核的相互作用。因此，泡利是正确的。

理论上，核反应中会有中微子，比如太阳、其他恒星和超新星爆炸，以及高能宇宙射线与地球大气作用也会产生。20 世纪 60 年代，物理学家成功建造设备并探测到这些中微子。这些设备都装有大量物质，提供充足的原子核，并安装了特殊探测器来探测中微子与原子核的相互作用。为了避免其他射线的干扰，这些设备通常被安装在地底下，仅有中微子能够穿透。

这些中微子探测技术和高能加速器的研发也为了探索另外一个现象：质子衰变。粒子物理学标准模型预测质子绝对稳定，但在一些理论如大统一理论中，质子也可以衰变成更轻的粒子。理论上，如果质子衰变，它能够发射出高速的低质量粒子。

如果质子衰变，它的生命周期一定非常长。宇宙年龄是 10^{10} 数量级，而质子的寿命还要长很多。它能有多长寿？如果我们看一个质子，那我们几乎看不到它衰变，所以我们要观测大量质子！如果一个质子的寿命是 10^{30} 年，我们可以对 10^{30} 个质子持续观测 1 年，这样就可以探测到质

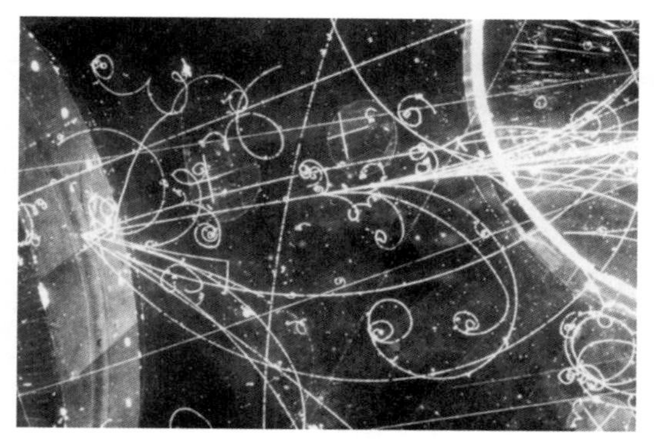

图 1－36 高能粒子能够与其他粒子碰撞产生新粒子，通过探测分析能量和动能等，能够了解初始或新生粒子

子衰变。一升水有10^{25}个分子，每个分子有2个氢原子（一个电子围绕一个质子），如果质子不稳定，依靠足够多的水和足够强大的探测器应该能够探测到这种衰变。

图1－37　日本的超级神冈中微子探测器，发现了标准模型对中微子描述的第一道裂缝，图为探测器内部

1982年，日本神冈探测器就是基于上述理论建造的，它装有3000吨水，周围有上千个特制探测器。一直到1987年，这些探测器都没有探测到一次质子衰变，也就是10^{33}个质子在这几年中没有被探测到一次衰变，基本否定了大统一理论。也就是说，质子貌似是稳定的！

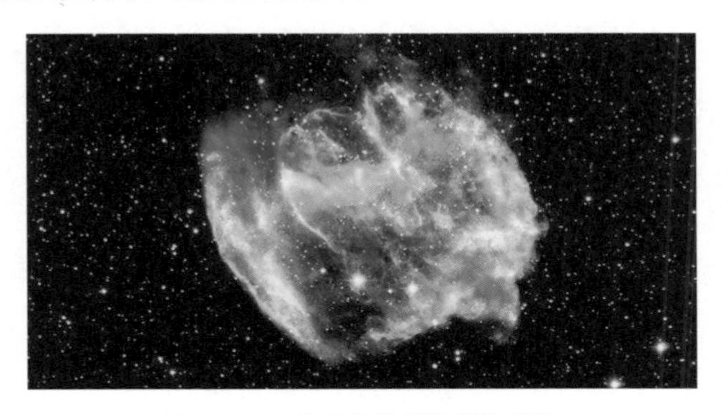

图1－38　绚丽的超新星爆炸遗迹

但神冈探测器发现了意想不到的超新星爆炸的中微子。1987年2月23日，在银河系外的165000光年前的一次超新星爆炸产生的光来到了地球。在光线到达的几小时前，神冈探测器在一段长为13秒的时间内探测到了12个中微子。其中有两个峰，前一次9个中微子，后一次3个中微子。因此，超新星爆炸会产生非常多的中微子。

这是人类第一次探测到如此遥远的中微子，开启了中微子天文学。接下来的几天，地基和空间望远镜都证实了这一次超新星爆炸。我们知道了以下中微子特性：

1. 这些中微子以近似光速飞驰了165000光年；
2. 它们的质量不超过电子的 $\frac{1}{30000}$；
3. 中微子不会像光那样从崩塌核心到光球层出现减速；
4. 30多年后的今天，我们已经能够深入研究超新星遗迹，研究它的演化。

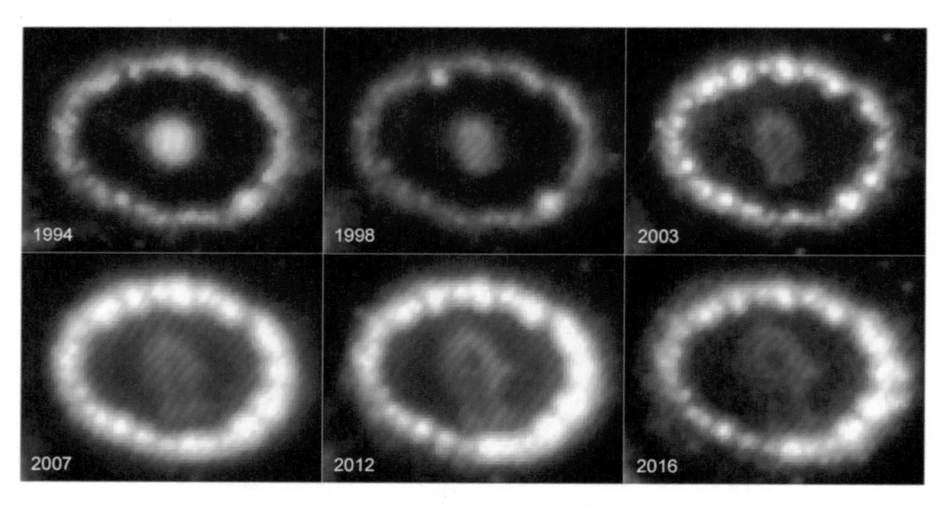

图1－39　1987年超新星爆发后的遗迹

这一结果的科学价值必须加以重视，它标志着中微子天文学的诞生，人类第一次在电磁辐射（光）和另一种方法（中微子）中观测到同一天体。它为我们扩展了研究手段，使我们不只依赖于常规的光“信使”，也向我们展示了使用大型地下设备来探测宇宙事件的潜力，即中微子可以告诉我们宇宙中天体的运转方式。自神冈探测器之后，很多国家建立了更强大的中微子探测器。

例如，“冰立方”(Ice-Cube)的中微子天文台，它位于南极极点，在冰川之下科学家们开凿出了86个深达2800多米的竖井。在每个竖井中悬放了电缆，电缆上连接了60个球形的数字光学传感器DOMs(Digital Optical Modules)。这些传感器从地面1500米以下依次排列直至深达2800米的竖井底部。位于地表1500米深处总共5160只传感器构成了冰立方中微子探测的主体，这个正六方体探测阵列的容积约为1立方千米，相当于北京水立方的1000倍，这中间的冰水足可灌满100万个标准游泳池。

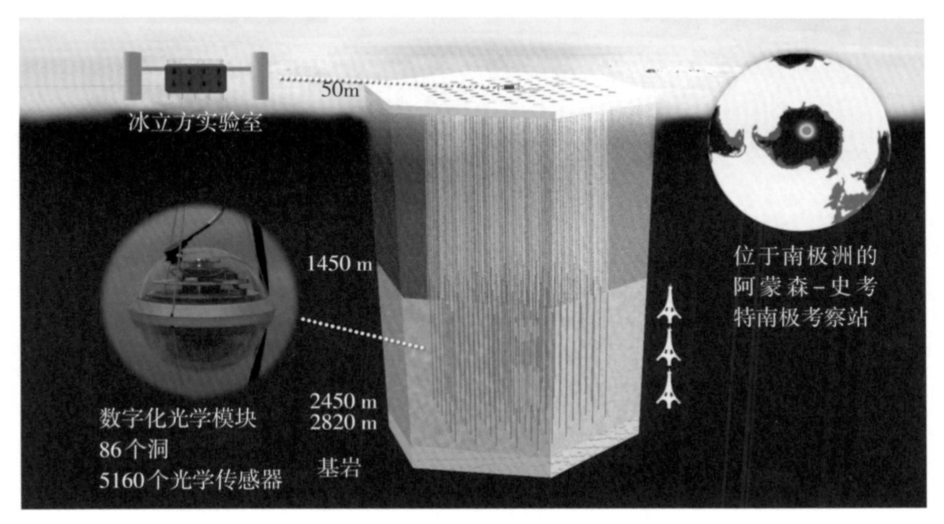

图1-40　千米级中微子天文台“冰立方”示意图

把中微子探测器放于南极极点的地下深处可谓用心良苦。因为冰不产生自然辐射，把探测器埋到深处可以过滤掉宇宙中除了中微子之外的各种其他辐射。南极深处冰层经千百万年的冻结压积，其内部杂质少、无气泡，像一块纯净的水晶体，具有优良的光学特性，这与天文望远镜要求高质量的光学透镜有着某种类似之处。中微子与介质中原子碰撞会产生一种特殊的蓝色光，探测中微子的本质就是对这些蓝色光的精准测量，纯净的各向同性的冰介质是这种精准测量的基本保证。

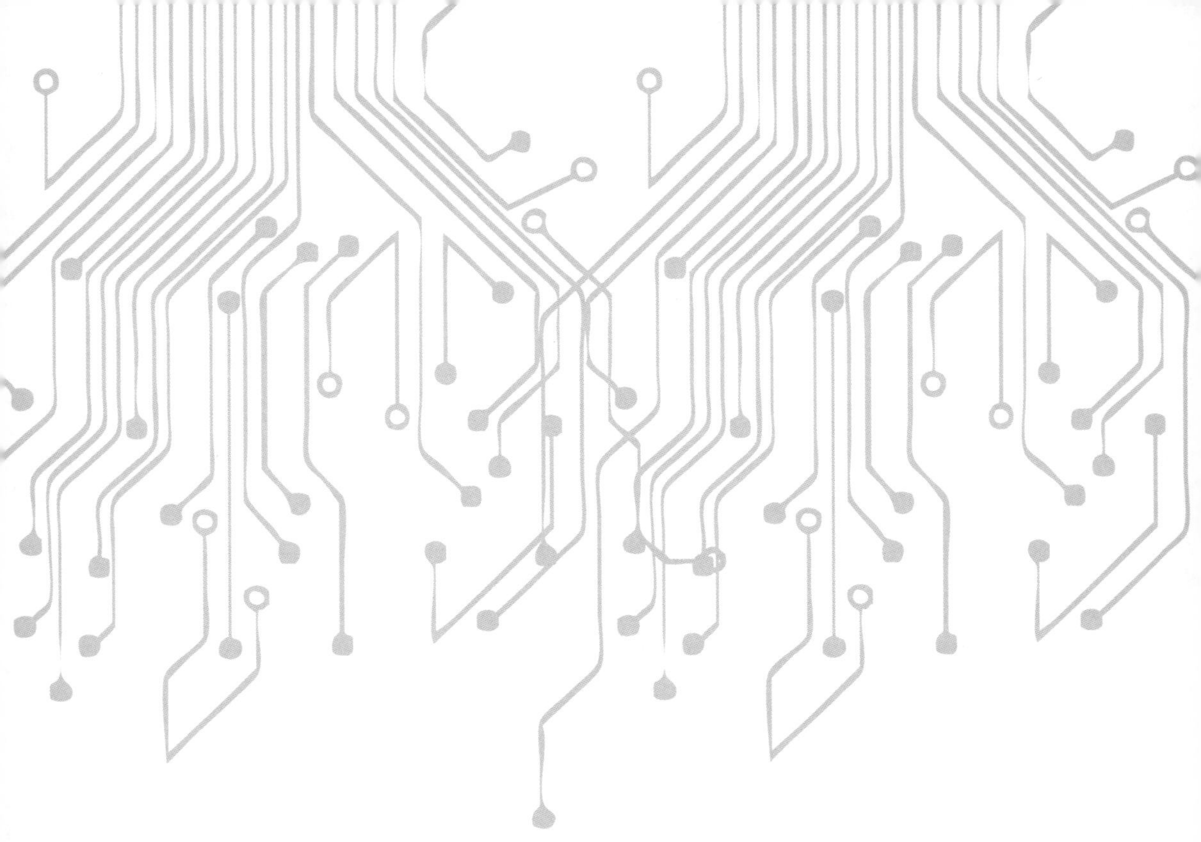

第2章

知化由学之趣

从古代炼金术到近代原子论、分子学说的建立，化学逐渐成为人们认识并改造物质世界的重要工具。它是一门既年轻又强悍的科学，“年轻”在于它真正被作为一门科学从发现至今只有几百年的历史，“强悍”是人类依靠它开创了信息时代，不管是眼之所及，还是履之所至，它都没让人失望。喜欢它，你会被它的魅力折服；不喜欢它，或许是因为你还不太了解它。我们相信重新认识它会让你收获惊喜，让我们一起走近它，感受它吧。

善变的指示剂

你一定看到过牵牛花吧？细心的你是否发现生活中的牵牛花有两种颜色，一种是红色，一种是蓝色？为什么同样的花会有不同的颜色呢？这是因为它本身有多种颜色，还是有其他原因呢？

原来，牵牛花的颜色跟土壤的酸碱性和牵牛花中的花青素有关。花青素是一种极不稳定的水溶性色素，它遇酸变红，遇碱变蓝，是一种酸碱指示剂。而一般土壤多呈酸性，所以我们看到的牵牛花也多是红色的；当土壤呈碱性时，牵牛花就会变为蓝色，所以通过改变土壤的酸碱性可以达到改变牵牛花颜色的目的。

图2－1　不同颜色的牵牛花

与牵牛花相似的秘密，其实早在17世纪时就被一个叫罗伯特·波义耳的人揭晓了。波义耳出身于贵族，成年后他继承了祖上留下来的一座大庄园，爱搞科研的他把部分庄园改建成了实验室。一天清晨，波义耳嗅到庄园内的紫罗兰花香，便忍不住摘下一束，当他闻着花香来到实验室时，他的助手正在做准备实验——往烧瓶里倒盐酸，一不留心将盐酸溅洒在桌子上。波义耳见状立即放下手中的紫罗兰去帮忙，可当他转过身来时却发现那束紫罗兰已冒起了青烟。

图2－2　波义耳

“真可惜，这花也沾上盐酸了。”波义耳说，转身又继续和助手一起准备实验。临走前，他想起了被丢在一旁的紫罗兰。看到花束时，他惊呆了：深紫色的紫罗兰居然变红了！

波义耳发现这一现象实属偶然，也许我们惊呆之后就不会再深思，可若想从自然现象中收获科学真理，还得像科学家一样，有一颗勇于钻研的心。

“奇怪！紫罗兰怎么变色了呢？莫非是盐酸？”

这一发现激发了波义耳的探究欲望，他急忙叫助手把书房那盆紫罗兰端过来，摘下一朵浸入盐酸中，果然，花瓣渐渐地由深紫色变成淡红，最后完全变成红色了！

“太奇妙了！”助手说。“我们再试试其他酸液！”波义耳意犹未尽，结果确如他想象的那样，深紫色全都变成了红色！“这么说，酸液能使紫罗兰由紫变红。”波义耳为这个意外的发现兴奋不已。

“那么，碱液呢？”于是，波义耳又做起了实验，发现碱液居然能使紫罗兰由紫变蓝。助手说：“太神奇了！可若在不是紫罗兰花开的季节，这种鉴别方法就不能使用了！”“你说得没错，但我们可以想想别的办法。”波义耳赞许地说，“我们可以把它泡成浸液，这样就方便多了。”他们尝试了许多植物，萃取出多种浸液，最终发现用石蕊苔藓提取的紫色浸液效果最好，它遇酸变红，遇碱变蓝。

你是否疑惑，在这之前人们是怎样区别酸和碱的？其实当时的人们对酸和碱并没有什么概念，多来源于一种经验性的判断。紫罗兰的启示，不仅让波义耳发现了酸碱指示剂，还引导他给出了酸的定义，其中一条就是酸能使指示剂变红，波义耳也因此成为首位给酸定义的科学家。

到了18世纪时，人们又发现，即使是同一种酸，滴加不同的植物指示剂时，颜色变化也会有很大差异。瑞典科学家贝格曼就曾指出：蓝色植物汁液的变色对各种酸的灵敏程度是不同的，硝酸能使某种蓝色试液变红，而醋酸却不能；有的酸能使蓝色石蕊汁液变红，却不能将紫罗兰汁液变红。由此可知，各种植物指示剂的灵敏度不同，颜色变化范围也是不同的。这时人们对指示剂的研究已经到了更深入和细致的阶段。

指示剂只能用于定性地判断物质酸碱性吗？不，在定量地确定酸碱浓度上，它也体现出了重要的价值。例如：酸碱相互滴定时可用指示剂指示滴定终点。但后来化学家们发现，这些植物指示剂的颜色变化不够清晰和灵敏，很多人都想就此有所突破，经过他们不懈的努力，合成指示剂终于诞生了。

19世纪以后，随着有机合成技术的惊人发展，合成染料备受瞩目，酚酞就是第一种被成功合成的指示剂。甲基红虽然听上去较为陌生，实际上也是一种常用的合成指示剂，它在生物学上还被用于原生动物的活体染色。当然，由于染色是针对细胞的，若使用时不慎弄到皮肤上，只能等一轮新陈代谢后才能恢复到原来的样子。到19世纪末，有文献记载的合成指示剂已经增加到了14种之多，包括甲基橙、甲酚红、中性红、溴酚蓝、溴百里酚蓝等。它们具备了各种各样的功能，只需使用很少量的植物浆汁，就能使颜色的变化非常显著，从而大大提高了植物指示剂的准确性。

从无到有是创造，从有到优是创新，推陈出新是一个重要的科学发展方向。在酸碱指示剂的启示下，人们又开始思考指示剂更深远的意义，于是氧化－还原指示剂、金属指示剂等相继问世。

要说到氧化－还原指示剂，其实它并不陌生。如碘量法测定水中溶解氧，以淀粉做指示剂；重铬酸钾遇酒精变绿用于酒驾检查；铈量法测定药物成分葡萄糖酸亚铁，以邻二氮菲作指示剂；等等。而金属指示剂是络合滴定中所用的一类指示剂，通常是有机染料，常见的有铬黑T，它可用于测定水的硬度，还有二甲酚橙、磺基水杨酸、钙指示剂等，它们在不同领域有着相似的作用。

从烟花到光谱

还记得2008年8月8日晚的盛况吗？当奥运五环、灿烂笑脸、奔腾巨龙、大脚印相继绽放于天空时，全世界为之瞩目。

图2－3　烟花

这么美的烟花是怎么来的呢？不同金属被灼烧时能呈现出不同的焰色，这在化学上称为焰色反应。若将这些金属元素按照不同的比例装进烟花中，点燃之后天空中就会放出夺目的光彩，美不胜收！

可究竟是什么原因导致金属灼烧时呈现出不同的焰色呢？这得从金属原子着手分析了。通常情况下原子核外电子主要在各自的轨道上运动，灼烧能使

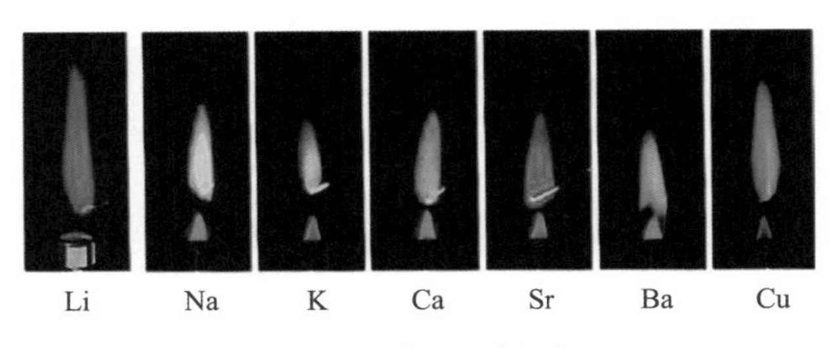

图2－4　常见元素焰色

电子获得能量，使电子从能量较低的轨道跃迁到能量较高的轨道，而处于能量较高轨道上的电子具有不稳定性，很快又会跃迁到能量较低的轨道上，这时多余的能量会以光的形式释放出来，由于不同金属中电子跃迁时释放出的光能大小不同，而在可见光范围内就会呈现出不同颜色，能量较高时为紫色，较低时为红色。

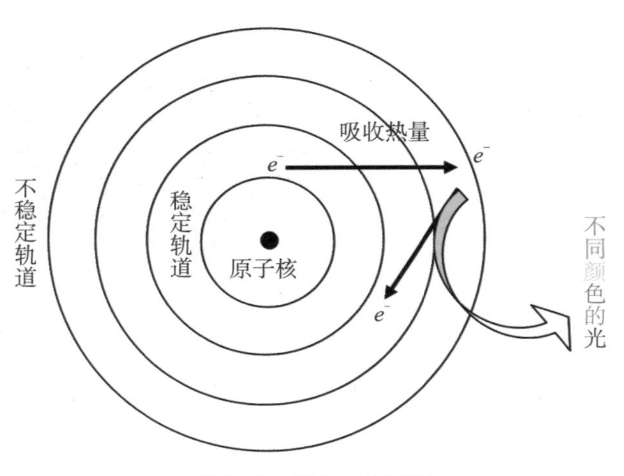

图2－5　焰色反应原理

是谁最先发现这一现象的？他又是如何从金属焰色发现光谱的？让我们带着这些问题重走发现之路吧。

关于金属焰色的记载，早在我国南北朝时期，著名炼丹家陶弘景就发现："以火烧之，紫青烟起，云是真硝石（硝酸钾）也。"可限于当时的生产力水平，在之后的很多年里这一发现都没能得到广泛的发展及应用。

到了欧洲近代化学时期，冶金、机械工业的巨大发展对分析化学提出了新的要求，成就了一位名叫马格拉夫的分析化学家。他在系统地对比植物碱（草木灰，即碳酸钾）与矿物碱（苏打，即碳酸钠）的区别时，意外地观察到灼烧钾盐和钠盐会呈现不同的焰色。在西方科学界中，人们认为马格拉夫才是焰色反应的最初发现者。

后来，德国人本生发明了一种煤气灯——“本生灯”，他试着把各种化合物放在灯焰上烧，发现铜的化合物呈绿色、钠呈黄色、钙呈砖红色，还发现有些金属的焰色可能会被掩盖。经过无数次尝试后，他发现透过蓝色钴玻璃锂呈深红色、钾呈紫色。但探索真知的道路从来都不是一帆风顺的，他收集了很多不同颜色的玻璃来区别锂盐和锶盐，都没有成功。这是为什么呢？显然，凭肉眼观察焰色来鉴别金属元素已经受到了局限。直到现在，我们用焰色反应也只能有限地鉴别钾、钠等少数几种金属。

此事被基尔霍夫知道后，便想与本生合作，基尔霍夫别出心裁地透过三棱镜来观察那些化合物发出的光。其实牛顿早前就发现太阳光透过三棱镜会被分解成七色，然而，基尔霍夫却把三棱镜对准了在煤气灯焰上灼热的化合物所

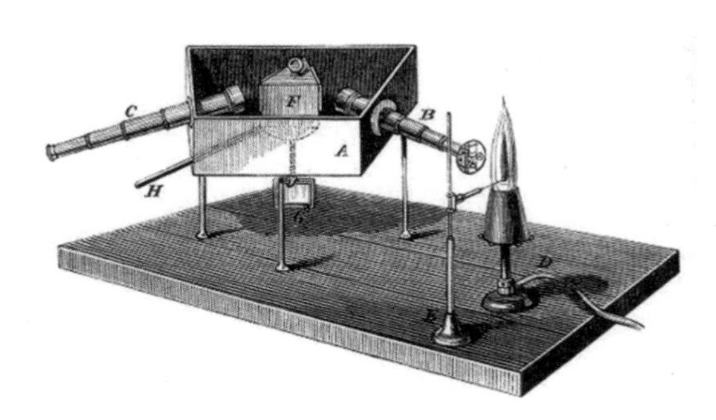

图2－6　本生和基尔霍夫与分光计

射出的光线。可以说正因为基尔霍夫做了这一次伟大的尝试，才使光谱分析的发展迈出了关键的一步。

本生和基尔霍夫发现：每一种元素灼烧后射出的光线，经三棱镜分光，都具有一套独有的“颜色”，他们称这“颜色”为光谱。每一种元素的光谱中，都有它特定的光谱线，就像人的指纹——每个人的指纹都不相同。是不是出现某一特定光谱线时，就存在一种化学元素呢？依据这个探索思路，他们创立了一种崭新的分析方法——光谱分析法。时至今日，光谱分析法在测定物质的性质、含量和结构上依然起着十分重要的作用。即使某一元素的含量只有几十万分之一甚至几百万分之一，也能用光谱分析法测出。

牛顿曾说：“如果说我看得比别人更远些，那是因为我站在巨人的肩膀上！”依靠光谱分析法科学家们发现了很多新元素，其中最典型的就是发现了稀有气体家族。1868年，天文学家洛克耶和杨森在太阳光谱中发现了一种新元素，定名为氦，后来人们在地球上也发现了它。1892年，物理学家雷利在国际权威期刊《自然》上发表了一篇文章，文章阐述在测定氮气密度时，发现用氨气分解得到的氮气密度比从空气中分离出来的氮气密度小了0.0064克/升，虽然这个差别很小，但他并没有放过这一丁点的差别。他认为这一定是有缘故的，却又苦于找不到答案。英国科学家拉塞姆看到这篇文章后提出了一种假设：从氨气分解得到的氮气是纯净的，而空气里可能含有一种比氮气更重的气体。他们决定合作，通过实验，借助光谱分析法最终发现了氩。此后拉塞姆与人合作又在液态空气中发现了氪、氖、氙，直到1923年氡才被最后命名。前后曲曲折折，历时半个多世纪，稀有气体家族成员才被全部确认。

现在，你是否对光谱的发展有了更深入的认识？光谱分析法作为仪器分析中的重要分支，如今已发展得相当成熟，主要有原子和分子光谱法，二者在光谱上的区别表现为前者是线光谱，后者是带光谱。

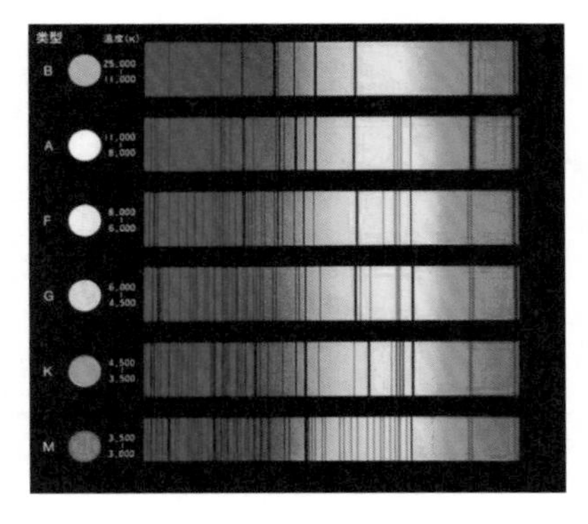

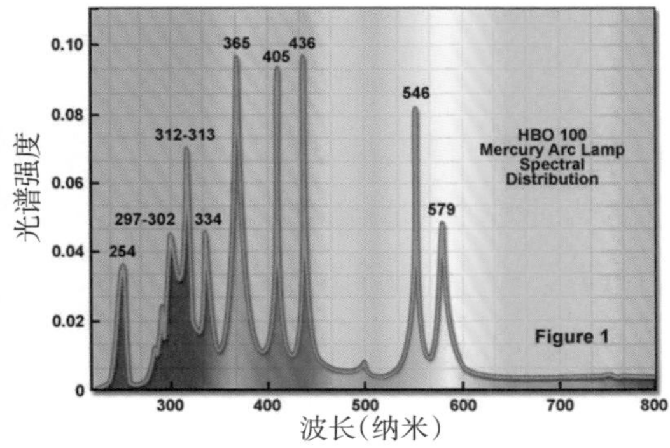

图2－7　线光谱(左)和带光谱(右)

光谱仪作为光谱分析法的重要载体,具有采样方式灵活、分析速度快、准确性较高等优点,而且操作只需一个人就能完成。有实验室中体形较大、固定的光谱仪,如原子发射光谱仪、原子吸收光谱仪等,也有便携的手持式光谱仪等。

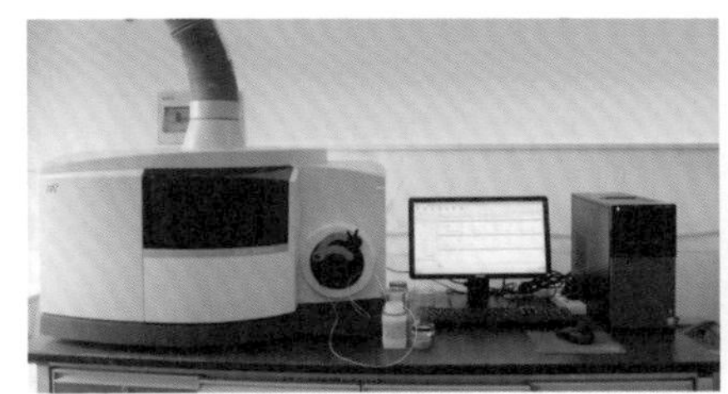

图2－8　实验室中的原子发射光谱仪(左)和手持式光谱仪(右)

光谱分析的应用很广,如环境检测、食品检测、宝石成分检测等,也涉及薄膜工业、半导体工业、农业、汽车等领域。

人们对科学的探索绝不止步于此。在20世纪后半叶,高光谱技术应运而生,它能收集与处理整个跨电磁波谱的信息。在纪录片《我在故宫修文物》中有这样一个场景:技术人员用一台仪器扫描古字画,扫描信息经过专业处理后,文物修复专家就能分析出绘画技法和当时用的颜料,从而修复文物。而这台神奇的仪器就是中国科学院遥感与数字地球研究所研发的高光谱扫描仪。它为何有如此的超能力？据专家介绍，传统的彩色相机只能记录红、绿、蓝三个通道的影像，而高光谱成像所记录的通道数量可以达到数百个，分辨率很高，其光谱探测范围远远超过了人类肉眼的感知范围，甚至能分辨出被观测物质的分子和原子结构，而我国在高光谱遥感研究上，也处于国际领先水平。这双“火眼金睛”拥有着广阔的应用前景，前途不可限量。

锂电池的前世今生

进入21世纪以来，各类新鲜的电子产品迅速走进人们的视野。目力所及，手机、电脑、汽车等产品中，锂离子电池（又称锂电池）都起着十分关键的供能作用。锂电池从研发至今，不过近40年的历史。

关于锂电池，不得不提到一个名为约翰·班宁斯特·古迪纳夫的科学家，他现在已经90多岁了。有趣的是，化学不过是他就读耶鲁大学期间修的一门选修课，但他也就此迈上了化学之路。他的研究使得更多研究者关注到锂电池，进而开启了锂电池的发展大门。

在锂电池被量产出来之前，手机的体积能有一块板砖那么大，非常笨重。其中，体积最大的就是镍镉电池，它的体积能占到手机的一半，而且需要一天一充，十分不便。

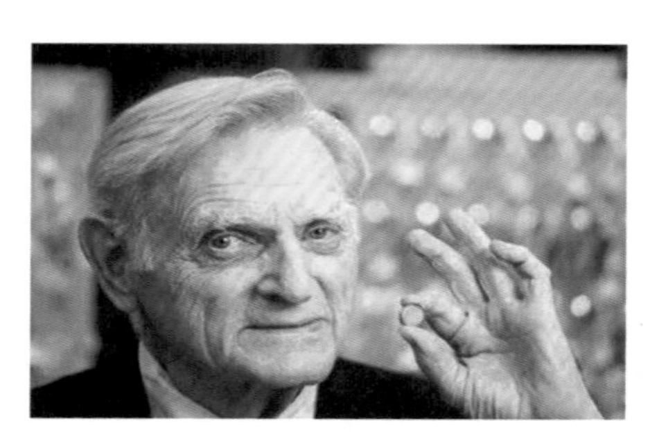

图2－9　锂电池之父古迪纳夫

在古迪纳夫的研究基础上，科研工作者们对锂电池不断寻求突破。1992年之前，也就是锂电池商品化前期，我国学者的研究重点主要集中在锂金属的固态锂电池上，在借鉴了国外较为成功的经验后，大家便将注意力转移至锂离子电池的开发上。陈立泉院士带领团队，使用当时较为落后的国产设备、国产材料和国产工艺，历经无数个日夜的奋斗，最终成功探索出型号为18650的锂电池。

锂电池研发的成功，大大缩小了手机等电子设备的体积，可人们在追求极致的道路上，有时却触及到了锂电池的“底线”。2016年，国外某品牌手机的起火事件让大众意识到锂电池也有“暴脾气”的一面，为什么看起来如此“瘦小”的锂电池会变身“定时炸弹”呢？

这或许与锂电池的结构分不开。商用锂电池主要由正极、负极、隔膜和电解液组成。锂电池结构中，除了电解液自带燃爆属性外，还存在一个很大的短路隐患。现代电池为追求更小的体积，又要保证能量供给，在不能在正负极和电解液上做改进的情况下，就只有“压榨”隔膜的体积了。于是，电池隔膜被“削减”得越来越薄，主流的锂电池隔膜的厚度还不足一根头发丝粗细。因为隔膜太薄易被刺坏，所以电池短路发生爆炸的事故时有发生。

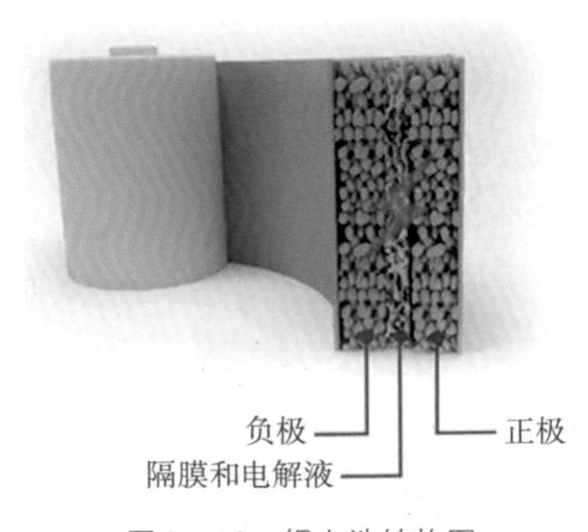

图2-10　锂电池结构图

虽然锂电池在性能上有很大的优势，但倘若存在明显的安全隐患，势必不能推广使用。于是，人们开始思考，如何才能消除锂电池不够安全的隐患。著名华人科学家崔屹率领团队开展了一系列的工作。他们通过不断探索，大胆地提出，可以在隔膜中间加一层耐高温的二氧化硅纳米颗粒。这仿佛是建起了一道“石墙”。

同时，用特殊纺丝做成中空的纤维，并把阻燃剂密封在这些纤维的内部，再将这些纤维编制成隔膜，这样的隔膜即使被刺穿起火，由于纤维的外壳受热熔化，释放出阻燃剂，也能瞬间阻止燃烧蔓延，这相当于给“火药桶”配了个“灭火

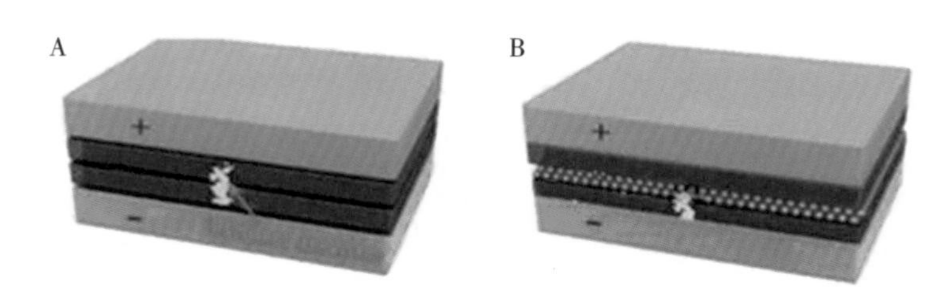

图2－11　隔膜中加入二氧化硅纳米颗粒

器”。合理的猜想从不会凭空蹦出，总是基于丰富的理论和大量的实践，有些猜想虽未被重视，或仍旧停留于理论阶段，可谁敢说它们不曾启迪一代又一代学者前进呢？

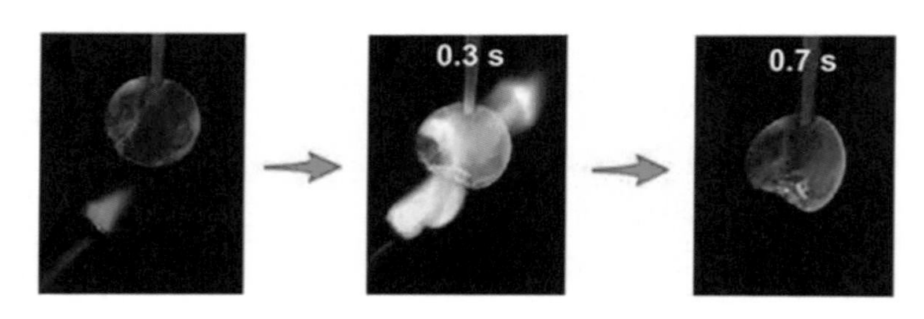

图2－12　内含阻燃剂的中空纤维

2017年，古迪纳夫带领他的团队再度出山，制造出了新型全固态电池。这使得我们的手持移动设备、电动汽车与固定储电系统能够用上充电更安全更快、更为持久的可充电电池。

纵览锂电池历史，既有技术产品的突飞猛进，也有探索尝试的起伏沉沦。成功的人和物都必须经得起是非成败的千锤百炼。锂电池一步步站上了电池行业的尖端，可预期的是在未来的十年甚至一百年，还会上演关于锂电池的种种大戏，真让人满怀期待！

催化剂——化学工业的点金石

催化剂，是化学反应中的“魔术师”，能改变化学反应速率，自身的质量和化学性质却不变，一直以来被视为化学领域研究的热门与前沿。在这个名词问世以前，流传着一个有趣的“神杯”故事。

图2－13　贝采里乌斯

主人公名叫贝采里乌斯，一天，他的妻子玛利亚准备宴请亲友，以祝贺他的生日。可他沉浸在实验室竟全然忘记此事，直到玛利亚来叫他。贝采里乌斯刚回到家，客人们向他表示祝福。他顾不上洗手，顺手接过妻子递给他的蜜桃酒喝了下去。随后人们就听到贝采里乌斯的声音：“玛利亚，你怎么把醋拿给我喝！”客人们和玛利亚都愣住了。于是他把酒杯递了过去，玛丽亚喝了一口，几乎全吐了出来：“甜酒怎么一下子变成醋啦？”客人们看着此情此景，纷纷露出疑惑不解的表情。

此时，贝采里乌斯发现酒杯壁上有少许黑色粉末，正是他来不及洗手沾上的实验室里的铂黑粉末。“这些黑色粉末使甜酒变成了醋？”他不由自主地联想到。这一偶然发现使得他异常兴奋，经过重复验证，不久他便提出“催化”与“催化剂”的概念。

然而，人们对于新事物的认识总要经过漫长的过程。1812年，基尔霍夫发现，酸类物质能催化蔗糖的水解，却没影响酸的变化，仿佛从未参加反应一样。他还观测到，稀硫酸可以加快淀粉转变为葡萄糖的速率。后来，戴维又在实验中发现铂能使醇蒸气氧化为乙醛。在科学家们长期的摸索与发现中，人们加深了对催化剂的认识。

图2－14　闵恩泽

催化剂独特的优势，逐渐被化工企业青睐，特别是在石油的炼制上。众所周知，石油是工业发展的血液，20世纪中期以前，我国炼制石油所需的催化剂主要从苏联进口，尤其是小球硅铝催化剂。自1960年开始，苏联逐步减少对我国催化剂的供应，这促使我国开始自主研制并生产这种催化剂。这个时期，涌现了一位伟大的石油催化专家——闵恩泽。

在美国俄亥俄州立大学获得博士学位的闵恩泽，毅然放弃在美国的优厚待遇，返回祖国，投入小球硅铝催化剂的研究中。没有经验和技术，一切都从零开始。闵恩泽团队经过100多天的不懈奋斗，他们的研究终于有了大突破，并且顺利生产出了高质量的小球硅铝催化剂。此时，离石油催化剂库存告罄只有两个月时间，要知道这种催化剂能从石油中提炼出航空汽油，它的及时生产对保障国防安全是多么重要！

在繁多的催化剂中有一类非常重要的催化剂，常用于化工原料的生产，那就是贵金属。贵金属在元素周期表中位于过渡金属区，大多具有较为特殊的电子排布方式，这使得几乎所有的贵金属都能做催化剂，常用的有银、铂、钯、铑、钌等，只需少许就可以催化反应，效率很高。其实，早在1831年，英国菲利普斯就提出以铂为催化剂制造硫酸，后逐渐应用于工业生产中。

贵金属催化剂的开发与应用已近百年，目前仍处于发展势头迅猛的时期。如2016年，我国专家段镶锋和黄昱，与国际科研团队开展合作，共同研发出一种能大大增加燃料电池催化剂活性的铂纳米线。这种铂不一般，它的表面呈锯齿状，并且非常细，这种形态铂的催化活性能提升近50倍，可大幅降低成本，但贵金属昂贵且量少，始终不能大量投入工业生产中，人们又开始寻求并研发非贵金属的催化剂。

除了贵金属以外，某些其他金属也可用作催化剂，如工业合成氨中，常以铁为主体并掺杂其他多种成分作为催化剂，不仅能使催化反应快速进行，还能实现大批量的生产。

催化剂只能改变反应速率？其实不然！原料相同，通过使用不同的催化剂，控制在一定的温度条件下，可以达到合成不同产物的目的。如以乙醇为原料，若选用银做催化剂，加热到550℃，乙醇能转变成乙酸；若选用氧化铝做催化剂，加热到350℃，乙醇能转变成乙烯；若选用氧化锌和三氧化二铬的混合物做催化剂，加热到450℃，乙醇能转变为丁二烯；若选用浓硫酸为催化剂，加热到130至140℃，乙醇能转变成乙醚。把催化剂比喻为化学工业的点金石实至名归。

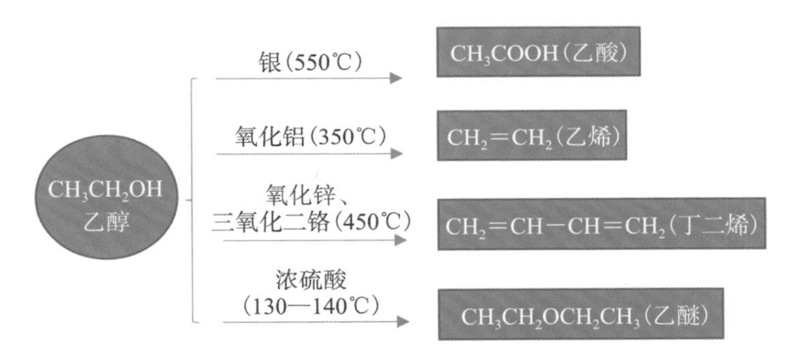

图2-15　催化剂对产物的影响

起初，催化剂的使用多限于化工生产，如今，催化剂在我们的生活中无处不在。汽车尾气是城市污染的主要来源之一，危害成分主要有一氧化碳、氮氧化物和一些残余烃等。目前，科学家们已找到一种较为理想的催化剂，能将残余烃和一氧化碳等转变成二氧化碳和水，而氮氧化物则被转变成氮气。这样，城市空气污染很大程度上能够得到改善。白色垃圾一直以来都是环境卫生的罪魁祸首之一。若将其燃烧，产生的废气会污染大气；若将其填埋，它又不易降解。若寻求一种催化剂能加快塑料的降解，必然能解决这一问题。目前，中国科学院的科研工作者们发现了一种专“吃”塑料的新酶种，通过生物降解能帮助解决日益严重的塑料垃圾污染问题。

酶，以其催化的高效与专一为优势，加酶洗衣粉的出现，能解决衣服上的血渍、汗渍。它是一种重要的生物催化剂，人体中就含有淀粉酶、蛋白酶、脂肪酶等多种酶，近几年，人们又关注到酶在人体皮肤护理领域的应用，并且获得了重要突破，目前已进入临床应用阶段。大自然中，某些生物酶能在太阳光的作用下将水分解成氢气和氧气，也能将二氧化碳和水转变为各种碳水化合物。试想，若在酶的催化作用下，将水转变成生活生产所需的氢燃料，将水和二氧化碳转变成各种饲料或人类的高级营养品，若真能达到这样的效果，或许生物酶会给人类的生活带来巨大的改变。

金属也有记忆力

想象一下：飞机若发生事故受损时，机身能进行自我修复；地震时，受到破坏的建筑物、桥梁能自行加固，裂缝能自行缝合；我们使用的各种材料能根据外界环境进行自我判断，自我适应，自我修复，像人脑一样具有记忆力，该有多好啊！

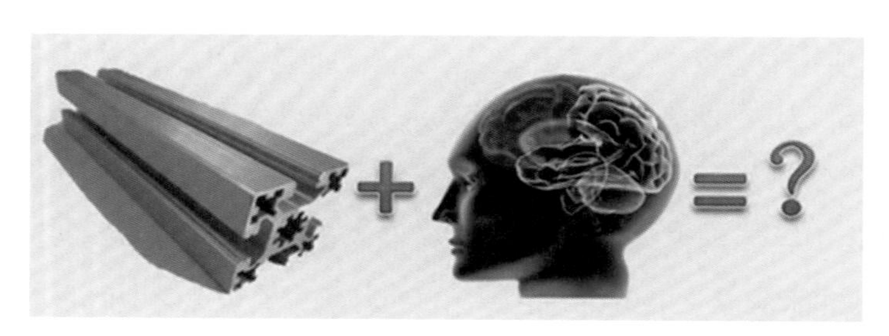

图2－16　假如金属也有记忆

记忆合金的出现，似乎正使得这个梦想一步一步接近现实。实际上，早在20世纪初期，就有人在金镉合金中观察到“记忆”效应，不久哈佛大学研究者又在铜锌合金中观测到了热弹性效应,但似乎这些发现并没能在科学界溅起水花,未受到重视。直到20世纪中期,美国海军机械研究所突然宣布,在镍钛合金中发现了记忆效应,才使得人们认识到合金的记忆效应并非偶然,这还得感谢一位喜欢刨根问底的科学家——威廉·巴克勒。

巴克勒在当时是一位有名的冶金学家,就职于美国海军机械研究所。一天,他让助手史密斯把镍钛合金丝拉直以备用,史密斯完成工作后,就扔在壁炉台子上离开了。当巴克勒要用这些合金丝时,却傻眼了:它们还是弯曲的! 于是他让史密斯再次把这些合金丝拉直。可是当巴克勒要使用时,发现这些合金丝仍是弯曲的!

巴克勒走近仔细观察,没发现异样,他再用机械试了一下,周围也根本没有磁场。"这是什么原因呢?"巴克勒边想,右手边不自觉地放到了台子上。

"啊,怎么这么烫?"巴克勒迅速把手缩了回来,原来靠近壁炉使得台子温度很高。他把几根镍钛合金丝拉直,放在台子上后又变弯曲了。他想这是否与温度有关。于是他在高温、低温、常温的三个地方分别放上拉直的镍钛合金丝,结果发现只有高温地方的合金丝恢复到弯曲状态。巴克勒发现了一个非常重要的科学现象:变形后的镍钛合金在一定温度下,会恢复到原来的状态,具有记忆现象。

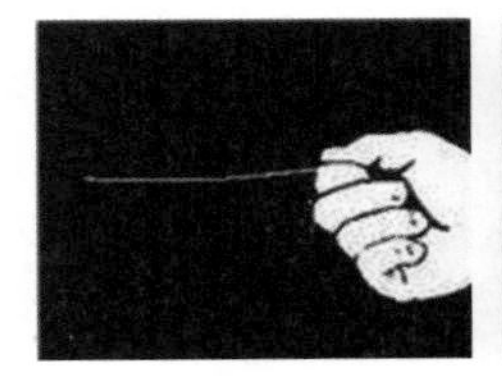
A 原始形状

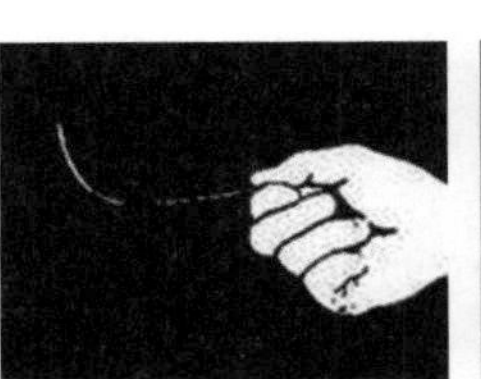
B 室温下外力变形

C 加热形状开始恢复

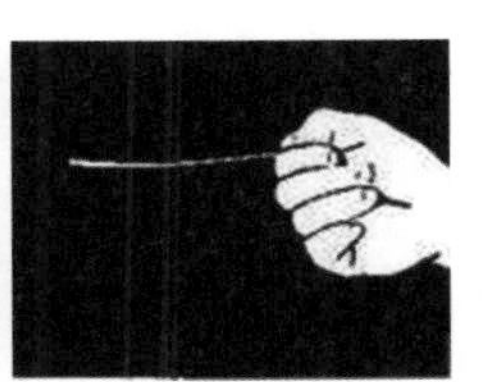
D 恢复到原始状态

图2-17 形状记忆效果

"其他金属会不会也有记忆呢?"他尝试着做了一系列严谨的实验,事实证明许多合金都有记忆现象。当巴克勒向外界宣布合金具有记忆时,霎时轰动了科学界。那么,这些合金究竟为什么具有特殊的记忆功能呢?

这得从晶体结构说起。在有些材料中,由于晶体结构不同,会形成性质不同的物质。例如金属铁就有两种不同的晶体结构,一种是在常温下存在,另一种是在高温下存在,而且晶体结构不同会引起它们的密度、硬度等物理性能存在差异。人们利用这个特性,通过改变外界条件如温度,使材料从一种晶体结构转变为另一种晶体结构,以改变其物理性能。当温度恢复时,晶体结构也恢复到原来的状态,性能便随之恢复,而具有这种效应的通常是两种及其以上金属构成的合金,科学家们称之为"形状记忆合金"。

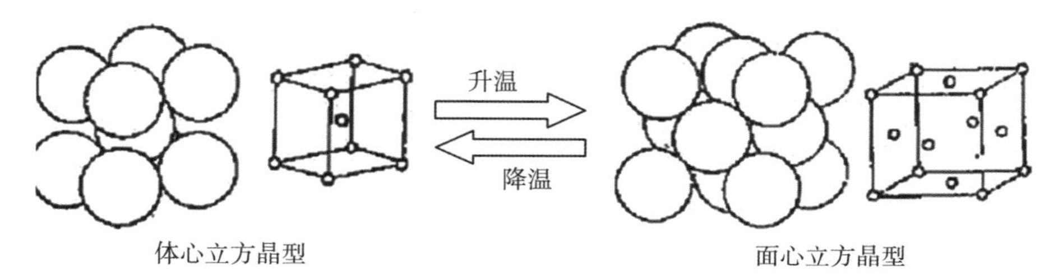

图2-18 温度变化导致铁的晶型变化

之后,科学家们又在镍钛合金中添加其他金属元素,从而开发出钛镍铁、钛镍铬等新型镍钛系记忆合金。铜镍、铜铝、铜锌等记忆合金也相继问世。近几年,日本东北大学某研究团队发现了一种超轻形状记忆合金——镁钪合金,它的密度为常见镍钛合金的70%,这种轻质性能的记忆合金材料有望应用于航空航天等领域。

早在20世纪70年代,美国就用镍钛合金制成宇宙飞船的天线。要知道若想将月球上的信息发回地球,必须要有直径好几米的半月面天线,这种天线架

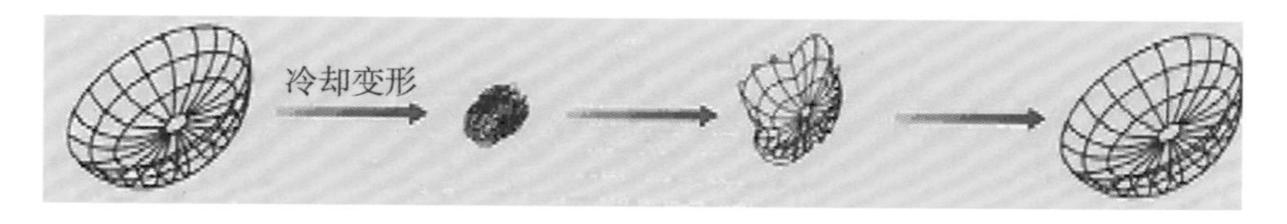

图2-19 镍钛记忆合金制成的半月面天线

起来能有一间普通卧室那么大。可要把这种天线直接放进飞船的船舱中几乎是不太可能,但利用记忆合金就可以。

像记忆合金这样如此特殊的功能材料,人们正积极研究其在医学上的用途,这凸显了记忆合金更具价值的一面。它可以制成各类心脏修补器、伤骨固定器、脊柱矫正器、手术缝合线、牙齿正畸工具、心脑血管支架等。

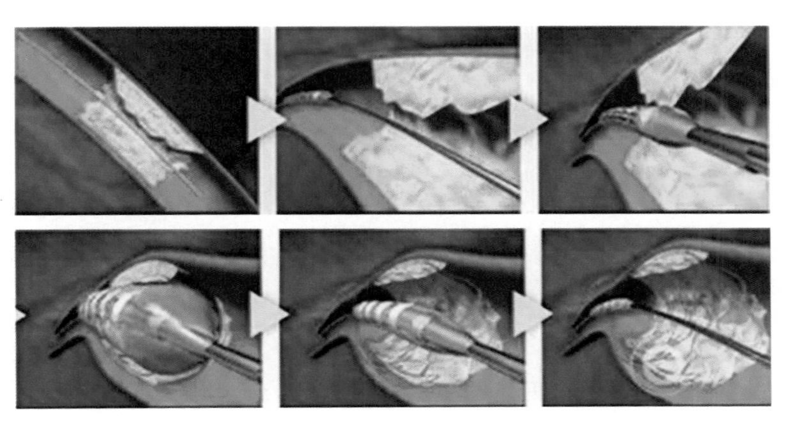

图2－20　心脑血管支架

当形状记忆合金用于汽车制造,会带来怎样的变化?首先,由于汽车温控器的设计是依据石蜡的热胀冷缩原理,利用冷却水的温度高低调节冷却系统的散热情况,所以会存在动作滞后、加工易熔化等问题。如果利用记忆合金弹簧来实现温控器的开启和闭合,所有问题都将迎刃而解!其次,若在汽车制动器上安装储能装置,就能对浪费的能源进行回收,既节能又环保,这种装置的储能元件可由形状记忆合金来做,它还能储存机械能。

除此之外,记忆合金还可以做成空调百叶板、可变形的眼镜框、汤勺、可爱的娃娃等。我们还可以想象:用记忆合金制造汽车的外壳,万一被撞瘪,只需浇上一桶热水或用电吹风就可恢复;用记忆合金制成的钉子安装在汽车外胎上,在遇到公路结冰时,钉子能自动伸出来,防止车轮打滑;用记忆合金丝混合羊毛织成衣服,当人体温度上升时,衣服自动变得宽松,可让人感觉更舒适。

记忆合金这类功能材料的广泛应用，不仅让科学进入生活，给现代人们提供更便捷、更舒适、更智能的生活方式，也有望应用于医疗、能源、生物工程等更广阔的科学领域，推动社会的发展。

解锁二氧化钒新功能

有这样一种冬暖夏凉的智能窗：当屋子温度降低的时候，窗户玻璃变得透明，阳光照进来，使屋内变得温暖；当屋内温度升高后，窗户玻璃就会自动反射红外线，不再增温。这种神奇的材料，就是二氧化钒（VO_2），它之所以神奇，在于68℃时它可以从绝缘体转变为导体，同时透光率也会显著降低。但是室温是不可能达到68℃的，这也成为其实际应用的瓶颈问题。

作为一种有广泛应用前景的金属氧化物材料，人们一直在努力地找寻方法，试图降低其相变温度。直到最近，科学界出现了一个声音，宣告人类对二氧化钒的研究迈入新的台阶，而这个声音来自中国科学技术大学。

难以想象，这次发现竟是科研人员的一个小小失误带来的。到底是什么失误？又造成了怎样的后果呢？让我们一探究竟。

中国科学技术大学的科研团队在实验中发现，利用金属吸附帮助酸溶液的质子进入二氧化钒材料中，是一种在温和条件下极低成本的加氢方式，他们称其为“点铁成氢”技术，从而实现了常温下二氧化钒材料的相变。而从另一方面来看，若将二氧化钒放入酸溶液中，就必须用塑料镊子而不是铁镊子。可偏偏在一次实验中，团队中的科研人员不小心用了铁镊子，虽然是一次偶然的失误，科研人员却敏锐地发现了其中的端倪：通常情况下，二氧化钒在酸中几分钟就被腐蚀完，而这次被铁镊子夹了的整片二氧化钒材料，却在硫酸中坚持了好久都安然无恙！

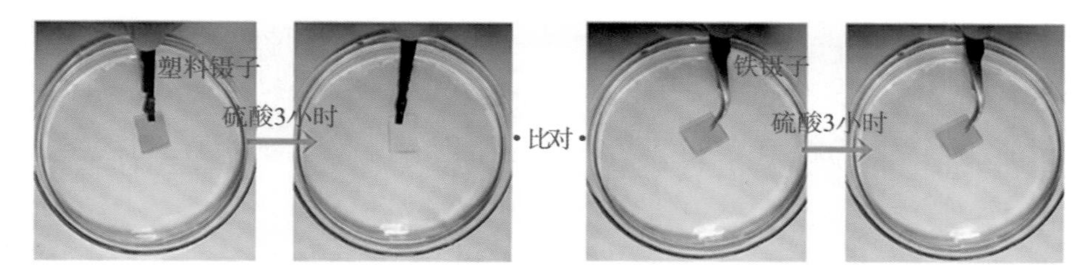

图2－21　被铁镊子夹取的二氧化钒材料在酸溶液中获得抗腐蚀性能

也就是说，铁镊子给二氧化钒穿上了防腐蚀盔甲，真是“化腐蚀为神奇”！

这是否与我们的认知不符？他们又结合理论研究揭示了现象背后的原理：当较活跃的金属铁、铜等接触属于半导体的二氧化钒时，金属内的电子会自发注入二氧化钒里，由于静电诱导效果，酸中带正电的质子非但来不及抢夺材料体内的氧原子，反而会被拉入二氧化钒中，并与带负电的电子中和成为氢原子。相当于电子和质子在互相“抢地盘”，这就使得二氧化钒被加氢，也就是穿上了盔甲，从而稳住氧原子并保护其抵抗外界质子的进一步攻击。同时，氢原子的电荷会填充氧化物半导体价带，使其在常温下从绝缘态突变为导体态。

若在已经加氢变为导体的二氧化钒基础上，使用更加活跃的金属如铝、锌

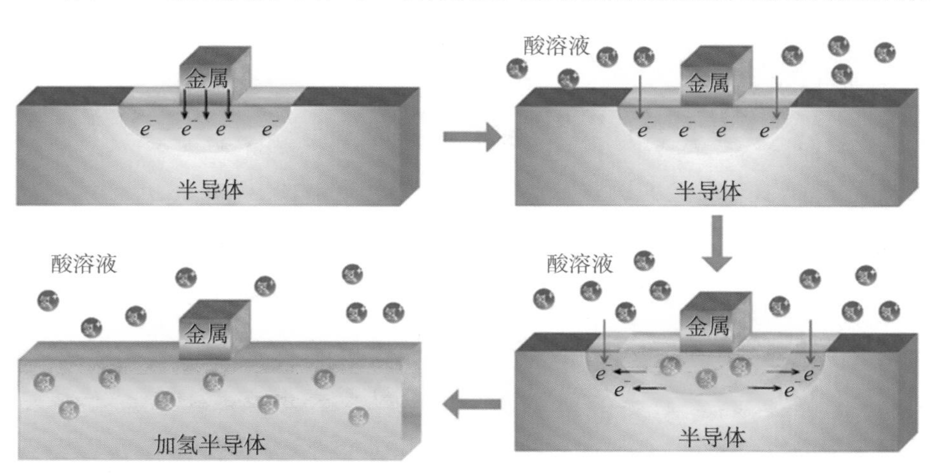

图2－22　“点铁成氢”的过程示意图

等，会怎样呢？这时，会继续注入更多的电子和质子，从而形成新的绝缘态。更有意思的是，这种常温常压条件下的转变过程，具有极其快速的扩散效应，仅用极小的金属颗粒（直径1毫米）就可以使直径约5厘米的二氧化钒达到“点铁成氢”的效果。

科学方法通常具有相似性，科研人员利用同样的原理，将酸液换成锂离子溶液，实现了常规条件下锂离子掺杂，并调控了二氧化钒材料的相变。此外，科研人员还实现了更多氧化物材料如二氧化钛（TiO_2）的掺杂加氢，验证了这一“点石成金”掺杂技术的普适性。

掺杂是工业上用于改善材料性能的通用技术，传统的掺杂技术往往会使用到高温、高压以及贵金属的催化，成本高昂。而这次发现，探索出了一种能更好兼容温和环境的掺杂方式，操作简便，成本低廉，突破了高成本、高能耗的局限。这不仅对理论发展有重要意义，更有利于推动新型智能窗、光储存、热敏开关、激光防护等材料的发展。

导电塑料

在科幻电影或小说中，我们经常见到那些能力超凡的“机器人”。目前，单就外观来讲，我们制造的机器人大多仍然是“金属零件的组合”，直观上看它们还是“机器”而非“人”。那么我们何时才能造出具有“皮肉之躯”的机器人呢？可以说，导电塑料的应用，令这一问题的解决变得指日可待。

2004年，有科学家利用导电塑料等材料成功制得一块对压力敏感的人工皮肤。这种皮肤能够将外界的压力信号转化为电信号，很适合做机器人的皮肤。这对于制造仿真机器人绝对是一项重大突破。

不仅仅是在机器人制造领域，在电池、隐身技术、显示材料、传感器等诸多方面，导电塑料都扮演着越来越重要的角色。可以说，导电塑料的发现，大大拓展了材料科学的研究领域。然而，我们却很难想象，导电塑料的发现过程是如此匪夷所思。

塑料自1862年在英国的伦敦国际博览会上被首次展出以来，主要是作为生产和生活材料使用。比如我们日常使用的塑料袋大多是由聚乙烯构成的。在人们的传统印象中，塑料是不导电的，导电的物质主要是金属等无机材料。不仅如此，长期以来塑料还被当作绝缘材料在电子行业中被广泛使用。塑料不能导电，这个"常识"直到20世纪六七十年代才被颠覆。

1971年，日本化学家白川英树在博士毕业后继续研究齐格勒-纳塔(Ziegler-Natta)催化剂对由乙炔制备聚乙炔塑料的影响。他的一个韩国学生在做聚乙炔的合成实验时，由于语言差异看错了配方，把催化剂的用量由毫摩尔看成了摩尔(1摩尔＝1000毫摩尔)，误加入了上千倍的催化剂。结果令人大吃一惊，得到的产物不是预期的黑色粉末，而是一层膜状并且具有银白色金属光泽的物质。这层银白色的薄膜是如何产生的呢？原来是高浓度的催化剂在反应容器壁上形成了一层薄膜，接着通入的乙炔气体就在催化剂薄膜上反应，这样就生成了薄膜状而非粉末的聚乙炔。在当时的主流观念中，只有金属物质才会具有金属光泽。既然偶然制备的聚乙炔具有与金属一样的银白色光泽，那么它会不会具有与金属一样的导电性呢？白川英树迫不及待地对银白色薄膜进行了导电性测量，很遗憾，这种塑料薄膜虽然具有金属的光泽，但并不像金属那样能导电。白川英树并没有就此放弃，而是一头扎进实验室，从早到晚不厌其烦地尝试着不同温度、不同催化剂浓度、不同溶剂等条件下的聚乙炔的合成实验。几个月的艰苦探索，他不仅发现了聚乙炔有两种同分异构体——金黄色的顺式聚乙炔和银白色的反式聚乙炔，而且找到了制备这两种具有金属光泽的聚乙炔薄膜所需要的实验条件。接着，白川英树用X射线衍射和扫描电子显微镜对所得的聚乙炔薄膜进行研究分析，发现薄膜是由一根根聚乙炔纤维相互缠绕而成，但它们的导电性都很差。如何通过实验手段，进一步提高聚乙炔薄膜的导电性是白川英树面临的一道难题。

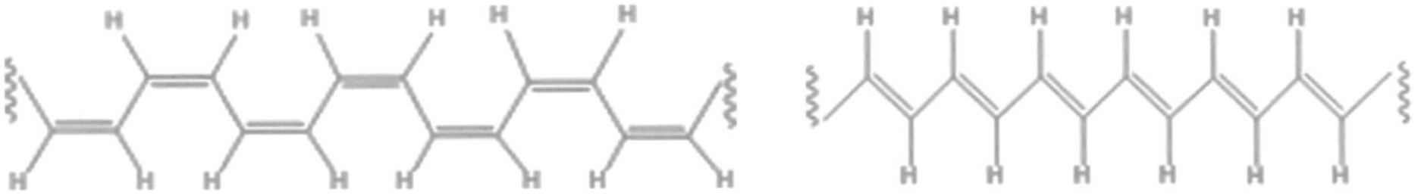

顺式聚乙炔　　　　反式聚乙炔

图2－23　聚乙炔的两种同分异构体

无独有偶，几乎同一时间，远在美国的无机化学家艾伦·麦克迪尔米德和物理学家艾伦·黑格组成的二人小组正在从事与白川英树相近的工作——研究具有黄色金属光泽的无机聚合物聚硫氮的导电性。而且他们发现在聚硫氮中掺入碘，可以极大地提高它的导电性。1975年，麦克迪尔米德到日本东京进行学术交流，并在交流会上展示了他们制得的聚硫氮。会议休息期间，白川英树和麦克迪尔米德再次相遇，他们交换了各自的研究情况。同时白川英树也将自己的银白色聚乙炔薄膜样品展示给麦克迪尔米德。麦克迪尔米德瞬间被这银白色的样品深深吸引了，当即邀请白川英树去美国参与他和黑格的研究。半年后，白川英树应麦克迪尔米德的邀请赴美，一个以他们三人为核心的跨学科研究小组正式成立。他们综合了各自的研究成果，拟定实验方案，并根据各自的研究领域进行分工。首先，按照白川英树的方法合成出银白色的反式聚乙炔，

图2－24　从左到右依次是白川英树、麦克迪尔米德和黑格

再将卤素掺杂到反式聚乙炔中，并由黑格的华人学生进行导电性测试。

实验并不是一帆风顺，经历了若干次失败以后，他们依然没有放弃。有一天，当他们把适量的溴加入聚乙炔中，电流表的读数有了极大的提高，甚至还打坏了电流表的指针。在匆忙地更换了电流表之后，他们终于发现电导率被提高了10^9方倍（约10^5西门子/米）。这样的聚乙炔具有了接近于金属的导电性，这是人类采用掺杂的方法首次制得了导电有机聚合物，由此开创了导电聚合物新的研究领域。但他们并没有就此止步，而是继续推动着该领域向前发展。由于在导电塑料研究中的开创性贡献，白川英树、麦克迪尔米德和黑格三人共同获得了2000年诺贝尔化学奖。

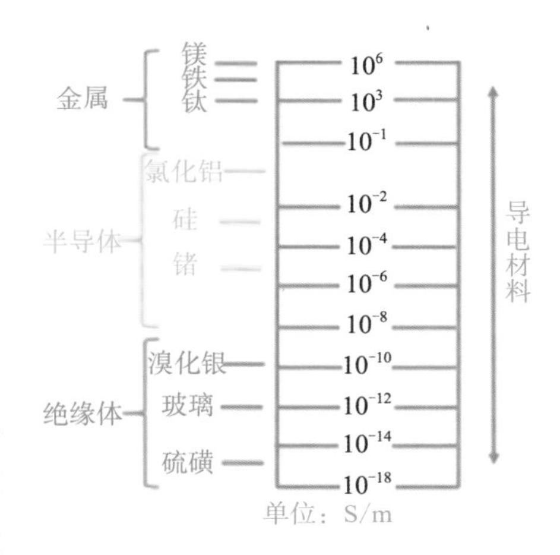

图2－25　常见物质的电导率

导电塑料的发现具有划时代的意义。导电塑料跟金属相比，具有两大优势：一是导电塑料的可塑性，可以把它加工成我们需要的大小和形状；二是通过掺杂，可以实现塑料从绝缘体到半导体再到导体的跨越。1979年，黑格用聚乙炔制备出了一种轻薄但坚韧的发光二极管，迈出了导电塑料实用化的第一步。此后40年的时间里，导电塑料在许多前沿领域扮演着越来越重要的角色。

透明胶带剥离出的诺贝尔奖——石墨烯

当我们用铅笔在纸上轻轻书写的时候，很可能在无意间制造出一种明星材料——石墨烯。

铅笔笔芯的主要成分是石墨。从微观结构来看,石墨是由一层一层的碳原子有序堆叠而成的。就每一层而言,碳原子之间相互连接形成正六边形、呈蜂巢状的平面网状结构。但是,层与层之间的相互作用力很弱,因此石墨层之间很容易相对滑动甚至被剥离。当我们用铅笔书写时,笔芯中的石墨在外力的作用下,层与层之间分离,在纸上留下单层,甚至是数百层的石墨。单层的石墨,就是石墨烯。如果把石墨看作是一本厚厚的书,那么石墨烯就好比是书中的一页纸。石墨烯的厚度只有0.335纳米,是一般纸张厚度的100多万分之一。石墨烯虽然来源于石墨,但是它的性质与石墨却有巨大的差异。比如石墨的硬度很低,而石墨烯的硬度却异常高。

图2－26　石墨制成的笔芯

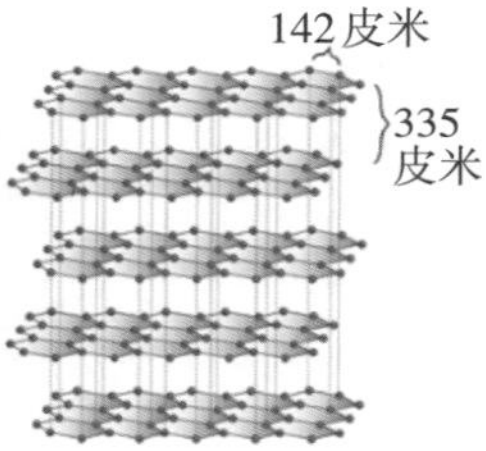

142皮米
335皮米

图2－27　石墨原子结构

图2－28　石墨烯

石墨烯在理论上一直被当作石墨的基本结构单元进行研究。很长一段时间以来,制备石墨烯的研究总是以失败告终。因此,科学家们认为石墨烯在现实中是无法稳定存在的。直到2004年,英国曼彻斯特大学的科学家安德烈·海姆采用一种简单易行的“土”方法首次从石墨中剥离出石墨烯。

海姆是一位非常有个性的科学家,他经常会产生各种各样的奇思妙想。一天,海姆决定研究石墨薄片的性质。他找来一块石墨,要求实验室的一名中国留学生在抛光机上把它打磨成几十层的薄片。于是,这个学生整天忙着打磨石墨,一段时间以后,石墨薄片薄得实在磨不下去了,拿到显微镜下测量,竟然还有几千层厚。

海姆注意到一个细节,在把石墨薄片放到显微镜下观察之前,需要用透明胶带处理石墨的表面，以除去表面不平整的部分。海姆提出了疑问，被透明胶带粘掉的那部分石墨会不会更薄呢？于是，海姆找来一段粘有石墨的透明胶带，把它放在显微镜下观察。经过测量，他发现上面的某些石墨碎片居然只有十几层厚，远比用抛光机打磨出来的薄。受此启发，海姆继续用透明胶带处理这些石墨薄片：将透明胶带粘在石墨薄片的两侧，撕开胶带，石墨薄片随之一分为二，变得更薄。在一定条件下，不断重复这一过程，最终得到单层的石墨薄片，即石墨烯。这一发现轰动了当时整个科学界，不仅是因为制备石墨烯的新奇方法，更为重要的是它打破了石墨烯无法稳定存在的理论预言。进一步的研究还发现，石墨烯具备许多超乎想象的神奇特性。石墨烯很快就成为新材料领域的一个超级明星。海姆和随后加入该研究的俄罗斯科学家康斯坦丁·诺沃肖洛夫因“二维石墨烯材料的开创性实验”共同获得了2010年诺贝尔物理学奖。

图2－29 海姆(左)和诺沃肖洛夫(右)

海姆制备石墨烯的方法原理简单、操作简便，但是效率低，不适合大规模生产。由此，科研人员又开发出其他制备石墨烯的方法，以其中的氧化－还原法为例，氧化－还原法主要包括氧化和还原两个过程，具体操作过程是先用强氧化剂(如浓硫酸)将石墨氧化，即在石墨薄层上引入一些含氧官能团，加大石墨薄层之间的距离，薄层之间的作用力随距离的增大而减小。氧化过后的石墨可以在一些外力(如超声波)的作用下剥离成数层甚至是单层。再用强还原剂(如硼氢化钠）将其还原，即可得到石墨烯。

石墨烯具有许多特殊而优异的性能。它是目前已知的强度最高、质量最小、厚度最薄的材料之一，同时它还具有极高的透光率和极佳的导电性。石墨烯的这些特性注定会给现有的诸多产业带来翻天覆地的变化。比如利用石墨烯制备的手机电池，充电速度快且使用寿命长，并已经投产；我国最新研制出一种轻薄的石墨烯防弹衣，它的防护能力比钢材要强10倍以上。对于石墨烯在不久的将来如何改变世界，我们将拭目以待！

开启分子机器领域的钥匙——索烃

2017年在法国图卢兹举行了一场史无前例的“飙车大赛”。与传统的比赛不同，参赛的“车辆”是仅由数百个原子构成的纳米汽车，这些汽车全都是由科学家在实验室中合成得来。除了纳米汽车，化学家们还合成了分子电梯、分子肌肉、分子马达等分子机器。对于分子机器的研究虽然还处在起始阶段，但是科学家们坚信，在不久的将来，分子机器将极大地改变人们的生活。比如在纳米汽车上搭载药物，以实现药物的精确定点释放；用纳米机器人清除人体内的某些有害物质，比如血栓、癌细胞等。分子机器领域的开启，与一类化学物质的合成紧密相关，那便是索烃。

什么是索烃？索烃是由两个或多个环状物质互锁而成，如图2－30所示。最初，化学家们并没有意识到索烃的潜在价值。对它感兴趣，主要是因为索烃中环与环之间依靠的是机械力，而不是传统的化学键。关于索烃的制备历史和过程中涉及的制备思路是很有意思的。

在制备索烃的过程中，单个环状分子是比较容易制备的，最棘手的在于如何使两个或多个环状分子互锁在一起。为了制备这种新型的化学物质，化学家

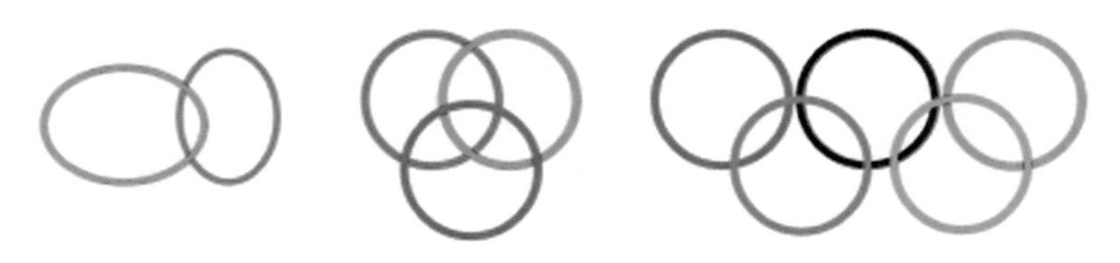

图 2－30　几种索烃的几何图形

们花费了许多心血。含有两个环的索烃是最简单的，它是制备多环索烃的基础。如果是让你来制备只有两个环的索烃，你会怎么做呢？你的想法或许和化学家们最开始的思路类似：让一个线性分子先穿过一环形分子，然后线性分子的两端再通过发生反应，形成闭合的环。这种方法我们称为穿线法。具体来讲，如图 2－31 所示，一个两端被功能化的线性分子 A－B，先进入一个尺寸足够大的环，然后发生关环的反应，即形成两个互锁环。

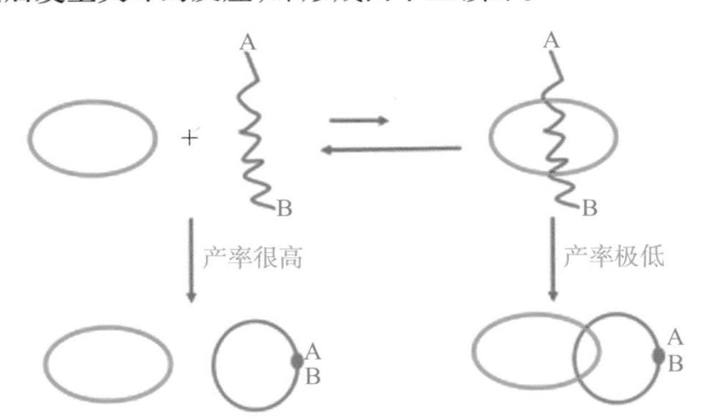

图 2－31　穿线法制备索烃

1960 年，化学家们按这种思路制得了第一个人工合成的索烃。但是，这种方法有个非常大的缺陷：线性分子 A－B 穿过大环是随机的，如果要生成索烃，那么就要求线性分子在穿过大环的过程中，发生成环反应。很显然，这种概率非常低。所以按照这种方法制取的索烃产率极低。化学家们曾尝试着寻找其他更有效的方法来制取索烃，但是也没有太大进展。在相当长的一段时间内，索烃的研究陷入了停滞的局面。

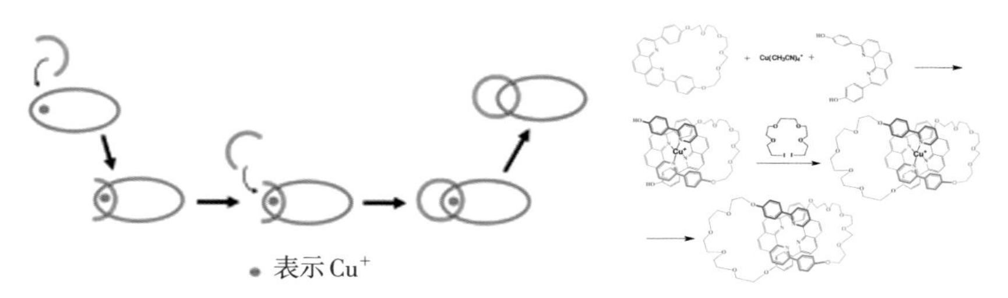

图2－32　让－皮埃尔·索瓦奇制备索烃的方法

一直到1983年，一项重大的突破性进展出现了。法国化学家让－皮埃尔·索瓦奇研究出一种新颖、高效的方法用于合成索烃，如图2－32所示。首先，他设计出一种环状分子和一类半圆环分子，并使它们同时被一价铜离子（以下称Cu^+）吸引。在这个过程中，借助Cu^+的空间配位能力，使半圆环分子穿过环状分子，并被固定住。Cu^+实际上发挥了类似黏合剂的作用，将两个不相关的分子固定到一起。接着，再将另外一个半圆环分子与被Cu^+固定住的半圆环分子通过化学反应"焊接"成环，从而得到两个互锁的环状分子。最后，撤走Cu^+，这样就得到了含有两个环的索烃。这种借助过渡金属离子制备索烃的方法，将以前只有几个百分点的产率提高到了惊人的42%，极大地促进了索烃的设计与合成。在后面的研究中，索瓦奇又合成了更复杂的含有多个环的索烃。并在2000年，合成了世界上第一个人工分子肌肉。为了表彰索瓦奇对人工分子机器的设计与合成的重大贡献，他和另外两位化学家共同获得了2016年诺贝尔化学奖。

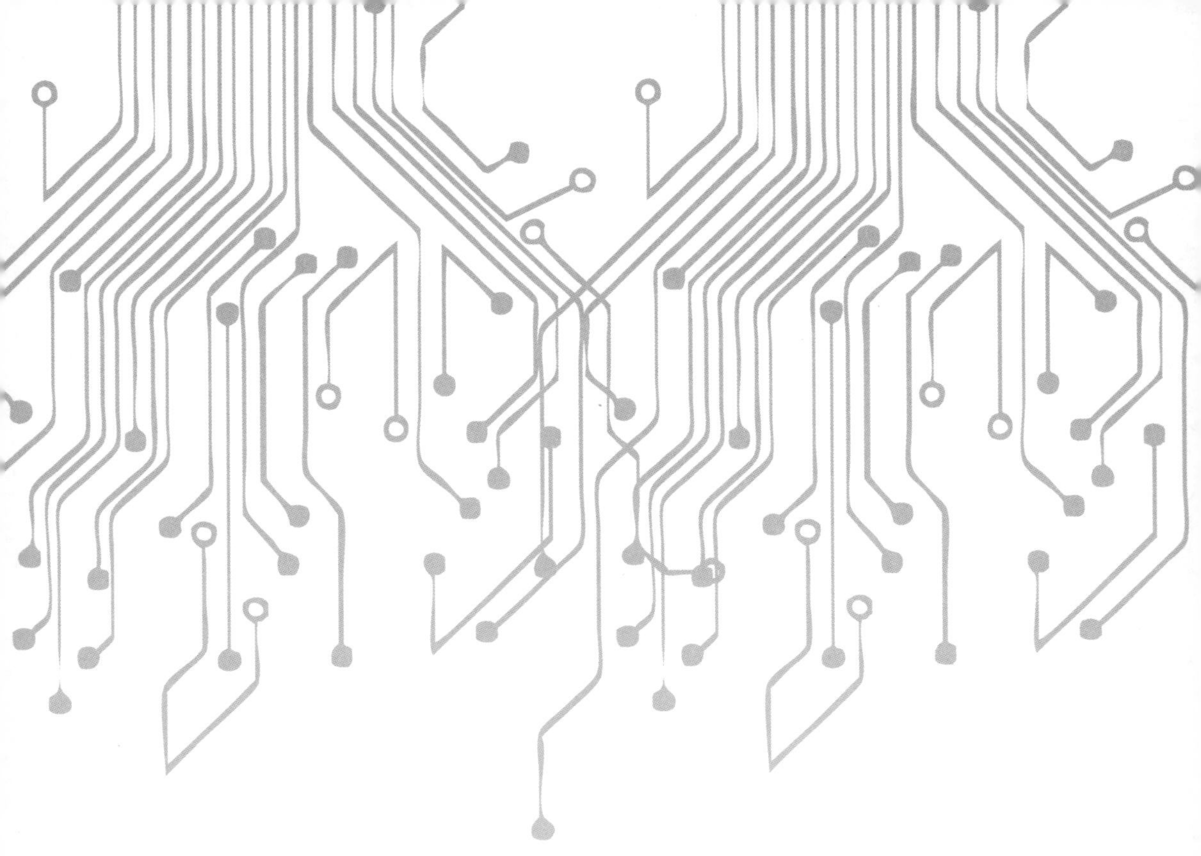

第3章

生机无限之趣

从古至今人类都在不断探索生命的奥秘,随着人们对生命探索的深入,生物学从以描述为主,逐渐发展为一门以实验为支撑的学科。许多生物科学实验妙趣横生,科学严谨,能帮助人们直观地认识生物的特征,揭开生命的奥秘。

发现胖鼠中的肥胖抑制因子

20世纪60年代，很多严谨的科学实验发现：大脑中控制食欲的区域异常，患者会食欲失控，暴饮暴食，导致肥胖。科学家普遍认为：肥胖只是长了一颗“吃货”的大脑。事实果真如此吗？让我们循着道格拉斯·科曼的足迹来到美国杰克逊实验室，聊聊那两只胖老鼠的故事吧！

美国杰克逊实验室，一直致力于发展标准化的小鼠品系和突变体，通过培育并销售各种奇葩小鼠给全世界科学家以获得收入。偶然间，杰克逊实验室的科曼等科学家发现了两种体重是普通老鼠3倍、长着尺寸惊人的赘肉、体形异常肥硕的黑色小老鼠。科学家们给这两种鼠取名为ob和db（ob是肥胖的英文单词obesity的缩写，以下称“肥鼠”；db是糖尿病英文单词diabetes的缩写，以下称“糖鼠”）。

这两种胖鼠真的只是因为长了一颗“吃货”的大脑吗？科曼认为，胖鼠的出现也有可能是血液中某种物质的作用。怎样证明这种物质的存在呢？科曼想到了可用于研究小鼠血液循环系统中某种物质功能的“连体老鼠”实验。于是，他通过手术将两只老鼠从肩膀到盆腔之间的皮肤缝合在一起，将两者的血液循环连通，进行了一系列“连体老鼠”实验。

图3－1　糖鼠和正常鼠连体示意图

研究胖鼠血液中物质的作用，需要用糖鼠或者肥鼠与正常鼠进行连体。科曼选择了糖鼠和正常鼠进行连体实验（如图3-1）。提出最初的假设：糖鼠的血液里缺乏一种叫肥胖抑制因子的物质，引起糖鼠食欲大增，继续肥胖。如果假说正确，正常鼠血液中的肥胖抑制因子随着血液循环进入糖鼠体内，糖鼠食欲降低，体重下降，成功减肥；正常鼠依旧正常。“糖鼠和正常鼠的连体鼠”连体手术成功，经过三个月的精心培养，得到的实验结果却是：糖鼠食欲不减、肥胖依旧；正常鼠却骨瘦如柴，因饥饿而死。

咦？怎么和预期的不一样呢？难道是最初的假设出错了？难道是糖鼠体内有肥胖抑制因子？这样似乎可以解释正常鼠食欲不振、体重下降，但怎么解释糖鼠肥胖依旧呢？

经历了一系列的推论，科曼提出了一个新的假说（以下称假说一）：糖鼠血液里有肥胖抑制因子，但大脑疾病使其丧失感知肥胖抑制因子的能力，最终食欲失控，暴饮暴食，导致严重肥胖。正常鼠有肥胖抑制因子，感知肥胖抑制因子的能力也正常。正常鼠感知到血液中有较多的肥胖抑制因子，因此食欲不振，因饥饿而死。

一种正确的假说，不仅应能够解释已有的实验结果，还必须能够预测另一些实验结果。于是，科曼又做了肥鼠和正常鼠的连体实验（如图3－2、图3－3）。

图3－2　肥鼠和正常鼠连体示意图

图3－3　肥鼠和正常鼠连体结果示意图

如果假说一正确，肥鼠和正常鼠连体后，肥鼠将继续肥胖，正常鼠则依旧正常。但实验结果显示：肥鼠的食欲下降，体重减轻，体形恢复正常；正常鼠依旧正常。这个实验结果让科曼大跌眼镜……难道肥鼠和糖鼠肥胖的原因不一样？肥鼠怎么就瘦了呢？根据实验，科曼提出了假说二：肥鼠体内缺乏肥胖抑制因子，但大脑感知肥胖抑制因子的能力正常。肥鼠感知正常鼠血液提供的肥胖抑制因子后，减肥成功。哈哈，看似一样的肥胖，原因却各有各的不同呢！

怎样才能证明这两种假说的正确性呢？根据假说，科曼设计了肥鼠和糖鼠连体实验。

如果假说一、二都正确，肥鼠将感知糖鼠血液提供的肥胖抑制因子后成功减肥，糖鼠因感知肥胖抑制因子的能力丧失，而继续肥胖。实验结果证明了假说，果然肥鼠迅速减肥，糖鼠肥胖依旧（如图3－4、图3－5）。

图3－4　糖鼠和肥鼠连体示意图　　图3－5　糖鼠和肥鼠连体结果示意图

在令人抓狂的实验结果面前，科曼冷静地思考，设计出一系列精妙的实验，发现了小鼠肥胖的秘密。他可以骄傲地宣称：小鼠体内一定有肥胖抑制因子和肥胖抑制因子受体，肥胖抑制因子随血液进入大脑，能强有力地抑制小鼠的食欲，有效地降低了小鼠的胃口；肥胖抑制因子受体负责感知和响应肥胖抑制因子。这两种因子具体是什么呢？科曼用各种生物化学方法，花了十几年的时间，直到退休也没能找到。但幸运的是，科曼退休后一年，美国洛克菲勒大学的杰弗瑞·弗里德曼和他的同事们，用现代遗传学手段，历经8年艰苦而漫长的探索，找到并证实肥胖抑制因子及其受体都是一种蛋白，将其分别命名为“瘦素”和“瘦素受体”。

探寻“长生不老药”

公元前219年，秦始皇派徐福远渡重洋，寻求长生不老药。后来徐福寻药无果，一去不返。秦始皇没有吃到神药，也没能长命百岁，但人类却没有因此停下寻找“长生不老药”的脚步。随着科学技术的不断进步和一代代科学家坚持不懈的努力，人体衰老的真相逐渐被揭开，“长生不老药”也逐渐浮出水面。

杀死衰老细胞，能延年益寿吗

个体的衰老其实是组成个体的细胞普遍衰老的过程。衰老细胞的存在对于个体的衰老有什么影响呢？有科学家在4月龄小鼠体内注射了衰老细胞。这些细胞约占小鼠细胞总量的 $\frac{1}{10000}$ 。实验结果显示：和对照组小鼠相比，注射了衰老细胞的小鼠变成了“年轻的老头”。走路速度和肌肉力量，都明显低于同龄小鼠。

如果是衰老细胞的积累导致小鼠机体的衰老，那么杀死这些衰老细胞，机体又会出现怎样的变化呢？研究人员从一系列裂解衰老细胞的药物中选用了达沙替尼（dasatinib）和槲皮素（quercetin）这两款常见的药物。达沙替尼于2006年获批上市，主要用于治疗白血病；槲皮素在茶叶中含量丰富。研究结果表明，这两种药物不但能特异性地杀死衰老细胞，而且对正常细胞没有影响。当衰老细胞被杀死后，那些“年轻的老头”又恢复了青春的神采。那么杀死衰老细胞，能让动物延长寿命、提高年长动物的生活质量吗？科学家在20月龄的老年小鼠（相当于人类80岁）和24至27月龄的小鼠（相当于人类90岁左右）中使用了这两种药物。结果表明：服药后，20月龄的小鼠和对照组相比体力更充沛，日常活动也更为活跃。24至27月龄的小鼠不仅寿命延长了36%,而且在额外的几年生命中,小鼠健康、强壮、充满活力,而不是像多数85岁以上的人类一样——虚弱、衰朽、饱尝病痛。

进一步的研究表明:衰老细胞"老而不死",不仅会成为增加心脏、骨骼、免疫系统等器官的"拖油瓶",而且不断制造炎症化合物,杀死年轻细胞,影响细胞的分裂和再生。因此,药物杀死衰老细胞后,破坏就被消除了,动物的健康寿命也就延长了!

人在胚胎发育早期是有尾巴的,后来细胞中凋亡基因被激活,尾部细胞自动死亡(也叫细胞凋亡),尾巴就消失了。有科学家认为,如果能够找到一种药物激活衰老细胞中的凋亡基因促进衰老细胞凋亡,就有望让老人重塑青春。

探寻促进衰老细胞凋亡的药物

细胞中有一种叫p53的抑癌基因,由它控制合成的蛋白质叫p53蛋白。p53蛋白既能监视细胞分裂,也能判断DNA的损伤程度。若DNA损伤较小,p53蛋白就促使细胞自我修复;若DNA损伤较大,p53蛋白则诱导细胞凋亡。衰老细胞一般都积累了大量的DNA损伤,理论上讲p53蛋白会诱导细胞凋亡,生物体内不会出现大量的衰老细胞。是什么原因导致了衰老细胞的堆积呢?新的研究发现,衰老细胞内有一种叫作FOXO4的蛋白质。它能"锁住"p53蛋白,让它失去原有的作用。FOXO4蛋白束缚了p53蛋白的"手脚",p53蛋白只能眼睁睁地看着那些本该凋亡的衰老细胞"逍遥法外"。

如果有一种物质能够"绑住"FOXO4作恶的"双手",让p53蛋白能"重获自由",恢复其修复和监控功能就太好了!为此,科学家设计了一种多肽。这种多肽通过与p53蛋白结合来阻止p53蛋白和FOXO4蛋白相遇,但这种多肽和p53蛋白的结合不影响p53蛋白的功能。那么,这种多肽有效吗?这一切得靠实验来说话。

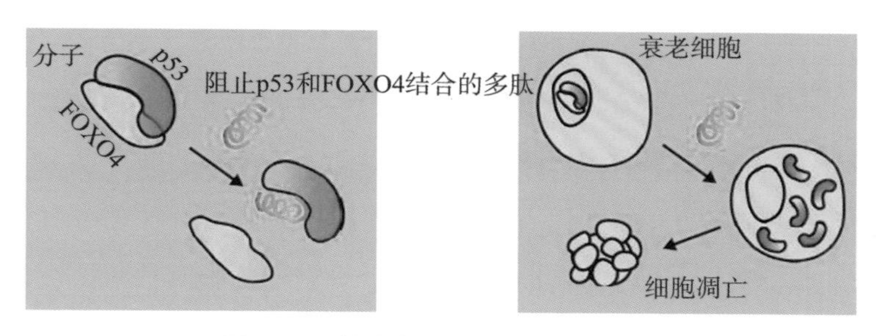

图3－6　某种多肽的作用机制示意图

科学家首先进行了体外研究实验。他们向衰老细胞的培养基中加入了这种多肽，并在一段时间后统计衰老细胞的数量。实验结果显示，和对照组相比，实验组的衰老细胞数量明显减少。这说明，该多肽确实能有效抑制FOXO4与p53的结合，促进衰老细胞的凋亡。令人兴奋的是，FOXO4在非衰老细胞中几乎不表达，因此该多肽对健康细胞没有影响。这种药物在体外培养有效，在体内会有效吗？

为了便于观察多肽的抗衰老效果，研究人员选择了一批早衰突变小鼠作为实验材料进行实验。早衰突变小鼠通常会在出生后几个月内表现出掉毛、肾功能下降、运动迟缓等衰老症状。注射这种多肽一段时间后，奇迹开始出现：10天后，实验鼠身上稀疏的毛发开始增多；3周后，运动能力得到改善，实验组小鼠的运动距离大约是对照组的2倍。此外，对生物标志物的分析显示，小鼠肾脏的损伤得到了一定的修复。这种多肽对早衰突变小鼠有抗衰老的作用，对正

注射这种多肽前

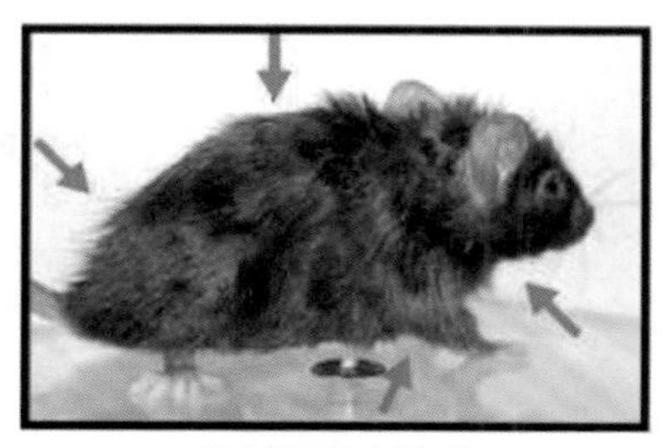

注射这种多肽后

图3－7　同一只小鼠在接受治疗后，毛发产生了显著的改善

常小鼠也能起到抗衰老的效果吗？一批正常衰老的小鼠注入这种多肽后，它们除毛发状况与肾脏功能得到了显著改善外，对外界的探索兴趣和运动能力也提高了。更让人兴奋的是：10个月的试验中，科学家对小鼠注射了大约120次多肽，却没有发现任何明显的副作用。

衰老细胞出现后，用药物直接杀死或者诱导衰老细胞凋亡来抵抗个体的衰老的方式固然可行，但也有点亡羊补牢的味道，有没有一种药物能从根本上防止细胞的衰老呢？

延长端粒，预防细胞损伤和衰老

端粒是染色体末端的DNA重复序列，细胞每分裂一次，端粒就会缩短一截，一旦端粒消耗殆尽，端粒内侧正常基因的DNA序列就会受到损伤，引起细胞衰老。1985年12月，科学家发现了一种能延长端粒、让细胞不老成为可能的酶——端粒酶。

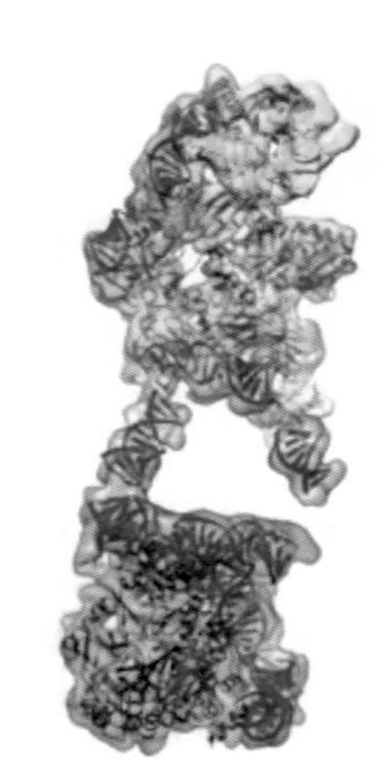

图3－8　利用冷冻电镜技术获取的高清端粒酶结构

无数人在基于"端粒酶能延长端粒"这个发现来开发"长生不老药"的过程中都遭遇了对端粒酶复杂结构认知不足的瓶颈。因此，端粒酶被发现30多年后的今天，期望中的"长生不老药"仍没有研制成功。

为了解析端粒酶的结构，凯瑟琳·科林斯教授为之付出了26年的青春，历经无数次失败后，获得了高纯度的端粒酶，并利用冷冻电镜技术观察到了高清的人体端粒酶结构。

这个精美、清晰的结构让我们从端粒长短的角度找到了相关疾病背后的真相。

由于基因突变，破坏了关键蛋白之间的相互作用，导致患者的端粒长度只有正常人的$\frac{1}{4}$，这类患者的寿命短暂，往往活不过20岁。

此外，借助这个结构，我们也有望发现既能激活端粒酶活性，又无副作用的小分子。而这种小分子，就是我们30多年一直在寻找的延年益寿的“长寿药”。有人乐观估计，在未来，当“长寿药”研制成功后，也许我们八九十岁的身体里，住着的是像20多岁那样充满活力的细胞，我们将真正实现“永葆青春”！

特别值得点赞的是，在取得的巨大突破面前，科学家依然保持着谨慎。他们认为从动物试验到人类临床试验前，还需要大量的研究来确保抗衰老治疗的绝对安全。

随着科学研究的深入，人类通过预防细胞衰老，安全地清除衰老细胞来延年益寿的技术将会越来越成熟。人类苦苦探寻的“长生不老药”也会离我们越来越近，让我们共同期待“长寿药”的早日到来！

“垃圾DNA”真的是垃圾吗

基因是遗传的基本单位。人类基因组中能编码蛋白质的基因只有21000个，仅占整个基因组的2%。1972年，日本遗传学家大野乾把不能编码蛋白质的DNA片段命名为“垃圾DNA”。那么，“垃圾DNA”真的是垃圾吗？多年的研究发现，有些“垃圾DNA”非但不是垃圾，而且对生物体有着重要作用。

胚胎发育竟缺不了“垃圾DNA”

加州大学旧金山分校发展生物学家桑托斯教授团队发现了一种叫作LINE1的基因。它在基因组里是最普遍的“垃圾DNA”类型。由于LINE1基因能随机插入基因组，因此也被称为“跳跃基因”。如果将LINE1基因插入良性基因组则无害；如果将LINE1插入恶性基因组，就会干扰正常的生理活动，甚至引发癌症。

在一项研究中，研究人员发现，胚胎干细胞和早期胚胎中居然有大量“跳跃基因”表达产生的RNA。用常规的眼光看，这些早期胚胎简直是在玩火，这一点都不合乎常理！根据这个现象，研究者推测：LINE1基因在胚胎发育中应该有着重要的作用。否则，胚胎细胞中怎么会产生那么多没有功能，甚至可能带来危险的RNA呢？

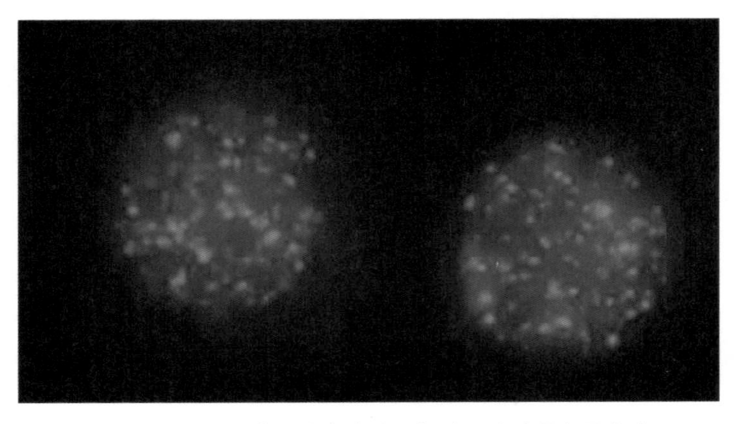

图3－9　LINE1在胚胎发育的双细胞胚胎阶段大量表达

LINE1基因究竟有什么作用呢？研究人员先后进行了两组实验。在一组实验中清除小鼠的胚胎干细胞中LINE1基因表达产生的RNA。实验结果显示，LINE1 RNA的胚胎干细胞，其基因表达模式发生了重大的改变，变回了受精卵刚刚分裂一次后的模样。在另一组实验中，研究人员清除了受精卵中的LINE1 RNA，结果小鼠胚胎发育停滞在双细胞阶段，无法发育成一个后代。

进一步的实验表明，由于LINE1 RNA在细胞核中与基因调控蛋白形成的复合体在胚胎发育中有着关键作用，只有该复合体生效，才能让胚胎发育超越“双细胞”这一阶段往下发展。这项颠覆性的研究，于2018年6月22日在线发表在学术期刊《细胞》上。

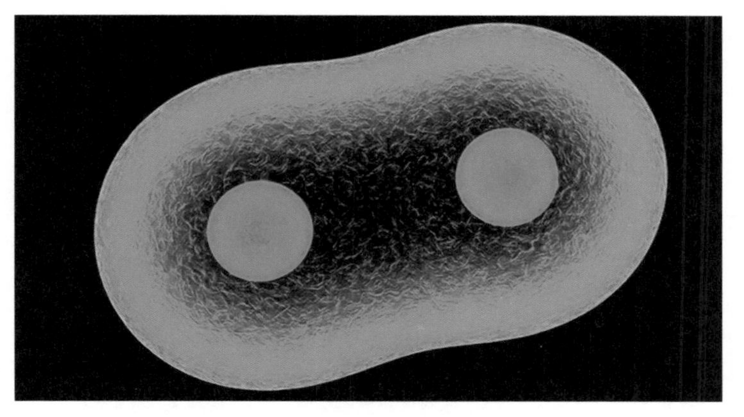

图3－10　胚胎发育的双细胞阶段

删除一段“垃圾DNA”，小鼠竟能轻松“男变女”

人的性别由性染色体决定，女性的性染色体为XX，男性的性染色体为XY。为什么性染色体能决定人的性别呢？因为Y染色体上有一个叫Sry的基因，能直接影响控制性别的关键蛋白Sox9。有Sox9，动物发育出雄性生殖器官，反之，发育出雌性生殖器官。科学家在约30年前，通过改变基因完成了对小鼠的“变性”。在雌性小鼠（性染色体为XX）的基因组中插入Sry基因。尽管它的性染色体还是XX，但最后这只小鼠却发育成了雄性。也就是说改变控制性别的关键基因就能改变生物的性别。

新的研究发现，在不改变基因的前提下，缺少一段“垃圾DNA”，竟能让小鼠轻松“男变女”。这又是怎么回事呢？

研究者发现了一段名为Enh13的“垃圾DNA”，Enh13不编码任何蛋白质，但与最重要的性别决定蛋白基因Sox9的含量密切相关。Enh13究竟怎样影响生物的性别分化呢？研究者做了两件事情。第一件事情就是敲除了XY小鼠胚胎上的Enh13这个并不编码任何蛋白的“垃圾DNA”（以下称敲出鼠）。第二件事情就是检测并比较敲出鼠和正常鼠中Sox9蛋白含量。实验结果表明，敲出鼠中Sox9蛋白的含量只有正常鼠的$\frac{1}{4}$。看着这个数据，研究者猜想，敲出鼠的“男儿身”怕是保不住喽！不出所料，这些拥有XY的敲出鼠的内外生殖器官都和性染色体为XX的雌性小鼠一样，彻底变成“姑娘”了。

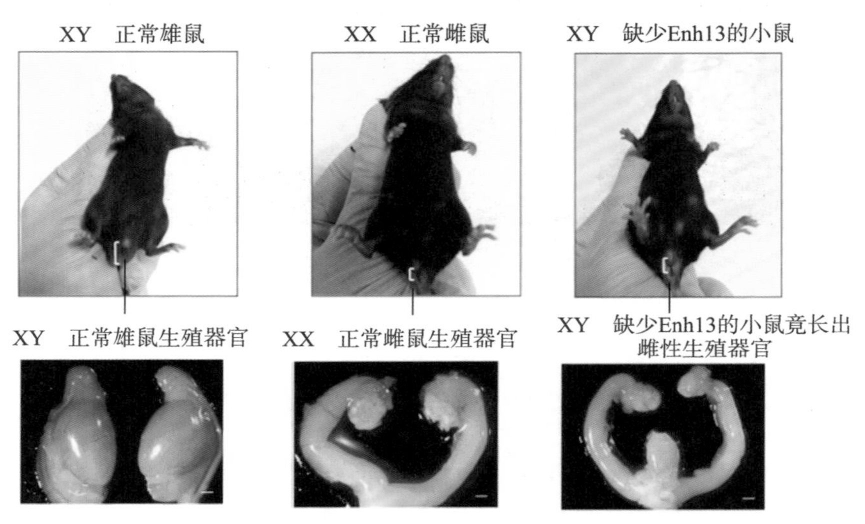

图3－11 缺少Enh13的XY小鼠发育成了雌性

人们以前一直以为Y染色体或者Y染色体上的Sry基因能保住“男儿身”，但这个案例让我们认识到，一段名为Enh13的“垃圾DNA”的缺失也能让小鼠轻松“男变女”。

子女患自闭症居然与父亲的“垃圾DNA”突变有关

多年的研究发现，在不考虑基因突变的情况下，有接近$\frac{1}{3}$的自闭症与能编码蛋白质的DNA突变有关，而这种突变主要来自母亲。但编码蛋白质的DNA只占了基因组的2%，剩下的98%的“垃圾DNA”对自闭症有什么作用呢？研究人员分析了2600个家庭里9274名个体的完整基因组数据和基因组中因为基因结构变化，DNA相关元件的复制、删除等引起的基因组异常信息，期望通过这种数据分析找到自闭症与基因组中98%的“垃圾DNA”的关系。

分析结果表明，来自非编码区的“垃圾DNA”突变会让后代出现自闭症。和编码区突变引起的自闭症不同的是，引起自闭症的“垃圾DNA”突变主要来自父亲。

基于这些发现，研究人员对自闭症的形成原因提出了一种新的解释。他们认为，总体上讲，自闭症与基因突变有关，编码区突变引起的自闭症主要与母亲有关，非编码区的“垃圾DNA”突变引起的自闭症主要与父亲有关。

随着研究的不断深入，人们对自闭症的理解不断加深。在未来，我们或许能通过基因组测序提前预测后代患自闭症的风险，并运用基因治疗纠正这些突变，从而有效降低或者根治自闭症。期待这一天的早日到来！

以上这些研究提醒我们：有些“垃圾DNA”并不垃圾。在98%的基因组里，还蕴藏着大量的秘密等待着我们去探索和发现。在探索科学真相的路上，人类一次又一次地推翻自己的结论，对教科书进行了一次又一次的改写。每一次颠覆都证明我们对生命的认知又加深了一层，在每一次颠覆性认知中都散发着科学的魅力，吸引人们继续探索、前进！

植物的感觉

欧阳修在《秋声赋》中写道：“草木无情，有时飘零。人为动物，惟物之灵。”自古以来人们都认为“唯人，万物之灵”，草木都是没有感情的，对外界也没有感觉。我们会摘掉结在枝头上的果实，锯掉长得难看的枝条，并不认为植物会因此感到疼痛，可是，如果植物真的能感觉到这一切怎么办？

植物能看到吗？著名生物学家达尔文的伟大著作除了《物种起源》外，还有《植物的运动本领》。在这本书中，达尔文写道：“几乎没有什么植物，其某一部位是不会向着侧面光弯曲的。"也就是我们现在都知道的植物具有向光性。达尔文和他的儿子弗朗西斯对植物生长中光产生的效应十分着迷，他们把一盆金丝雀虉草种在一间完全黑暗的屋子里，然后在距离花盆将近4米的地方点燃一盏很小的煤气灯，灯光很暗，暗得都不能看清纸上的字，结果只过了3小时，金丝雀虉草就朝着这昏暗的灯光弯过去了。那么，是金丝雀虉草"看到"光了吗？用什么部位"看到"的呢？为了寻找植物的"眼睛"，达尔文父子做了一个现在已经成为植物学经典的实验，他们分别处理了五株幼苗，检验其向光性，如图3－12所示。

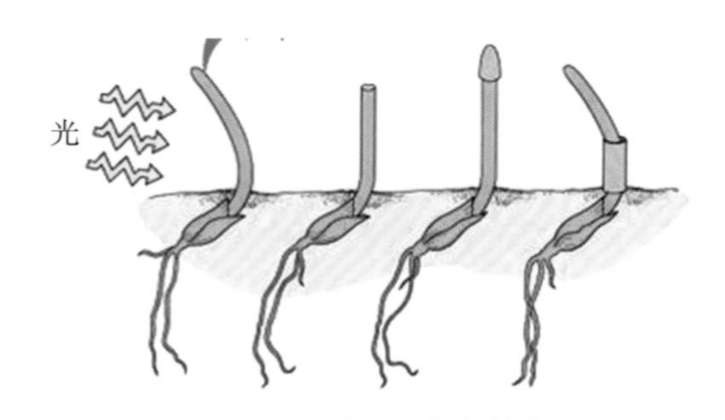

图3－12　达尔文向光性实验

根据实验，达尔文发现，如果去掉幼苗的尖端或者用不透光的帽子将尖端遮住，幼苗就"失明"了，不能向光弯曲。如果给幼苗尖端戴的是透明帽子，它仍能够向光弯曲。由此，达尔文父子认识到向光性的发生是幼苗的尖端"看到"光，把信息传到了植物的中段，使它向着光的方向弯曲。这便是植物最原始的"视觉"。其实为了生存，植物需要知道光的方向、强度、持续时间和颜色，它们没有眼睛，但和我们一样都能察觉到光。

植物还能闻到味道，它们不仅能闻到自己的味道，还能闻到邻近植物的气味。植物知道果实什么时候成熟，知道邻近的植物有没有害虫在大吃特吃，它们是通过"闻"来知道这一切的。

菟丝子是一种纤细的橙黄色藤蔓，没有叶子，不能进行光合作用，它将自己

图3-13 被菟丝子包围的植被

图3-14 菟丝子

细长的藤蔓缠绕在寄主植物上，从寄主身上汲取养料。最特别的地方在于，它会根据自己的口味偏好，挑选植物来实施侵害。宾夕法尼亚州立大学的康苏埃罗·德莫拉埃斯博士仔细观察了菟丝子定位猎物的过程。她用菟丝子最喜欢的番茄作为实验材料。将菟丝子和番茄分别放在两个密封的箱子里，仅用导管连接两个箱子，结果发现菟丝子总是朝着导管生长，这说明菟丝子"嗅"到了番茄释放出的气味（如图3-15A）。德莫拉埃斯博士进行了进一步的实验，她将番茄茎的提取物和一些其他溶剂分别涂在两支棉签上，将棉签插在菟丝子幼苗附近的泥土里。不出所料，菟丝子只会朝着涂有番茄茎提取物的棉签生长（如图3－15B）。那如果让它在一株番茄和一株小麦之间选择呢？菟丝子还是会义无反顾地选择番茄（如图3－15C）。经过化学成分分析，番茄能释放两种能吸引菟丝子的挥发物，相反小麦则会释放一种菟丝子不喜欢的抑制剂，导致菟丝子远离小麦生长。

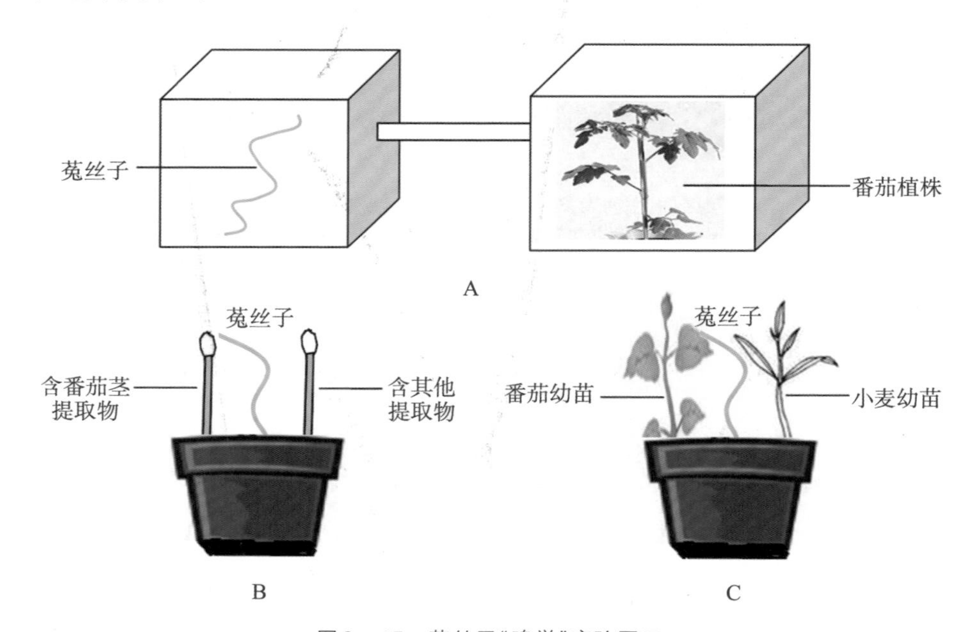

图3－15　菟丝子“嗅觉”实验图示

由此我们不难看出，菟丝子的捕猎是依赖它的嗅觉，而且菟丝子的嗅觉还非常灵敏，能区分不同的气味。

“寺钟已停撞/但我仍然能听到/声从花中来”，日本诗人松尾芭蕉的俳句读来饶有禅意，但没有人会真的以为花能说话。植物到底会说话吗？墨西哥伊拉普阿托高等研究中心的马丁·海尔及其团队做了一个关于野生棉豆（野生棉豆在被昆虫取食时其叶子会分泌一种挥发物，同时花会制造蜜汁，吸引以甲虫为食的节肢动物)的实验。他们选取了三株棉豆的四张叶片(A、B、C、D),如图3-16。

A和B都来自一株被甲虫侵害的棉豆甲,A是被甲虫咬过(用点表示)的叶片,B是健康叶片;C是来自与受伤棉豆相邻的健康棉豆乙的健康叶片;D是来自与受伤棉豆完全隔离的健康棉豆丙的健康叶片。

海尔一共做了三次实验:

1. 直接检验四片叶子释放的气体,发现A、B、C挥发物完全相同,D则未发现类似物质。

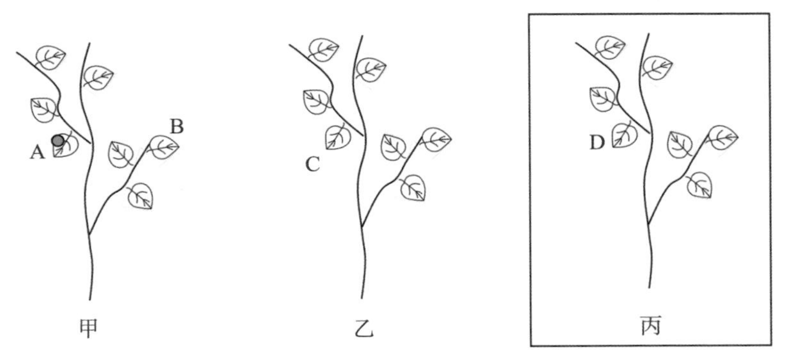

图3-16 海尔实验(1)

2. 把A用塑料袋密封,24小时后发现A仍旧有第一次实验中的挥发物,但B、C现在与D站在同一战线,没有该挥发物。

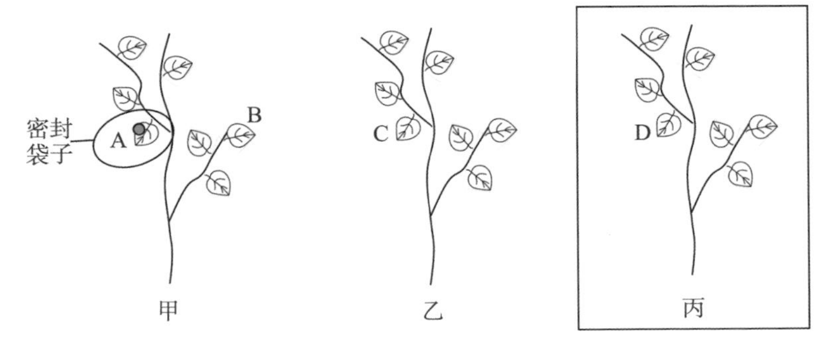

图3-17 海尔实验(2)

3. 通过技术，将A周围的空气吹往两个方向：一个是吹往同一植株健康的叶子B，另一个是吹走但不吹往其他叶子。发现前者的健康叶子B也产生相同挥发物，而后者没有出现挥发物。

图3－18　海尔实验(3)

于是海尔得出结论，原来当棉豆叶片受到害虫或细菌侵袭时会释放一种气体，而这种气体可以被旁边的其他没有受到侵袭的叶片所接受，并读懂气体带来的警告："害虫来了！请小心！"

由此可见，植物不仅可以听，可以闻，还可以"说话"。植物"知道"的远比我们想象的要多得多！可以想象，当我们从一株玫瑰旁边走过，不仅我们能闻到玫瑰的芬芳，玫瑰也能看到我们，闻到我们的味道，感觉到我们的触摸。

"生物导弹"的制备和应用

对于癌症的治疗，目前临床上普遍采用的方法就是放疗和化疗。但放疗和化疗在杀死癌细胞的同时，也杀死了大量的正常细胞。患者往往会出现脱发、恶心、消瘦、衰弱等症状。一些癌症患者实在受不了这种治疗的痛苦不得不选择放弃治疗。所以，科学家一直在寻找一种像导弹一样，能够引导药物专门杀死癌细胞而不损害正常细胞的治疗方法。单克隆抗体即“生物导弹”的出现，解决了这个难题，给患者带来了福音。

说到单克隆抗体这种“生物导弹”，必须从免疫说起。我们知道，人和动物都有免疫系统，要是有外来的病菌（抗原）入侵，机体就会产生抗体，把病菌消灭掉，这就保障了身体的健康。动物体内产生抗体的是B淋巴细胞。一般动物血液中有上百万种B淋巴细胞，但一种B淋巴细胞只能产生一种特异性抗体，所以动物血清中有上百万种抗体。直接从动物血清中分离出某种特定的抗体是一项很艰巨的工作，最要命的是得到的抗体往往纯度不高，疗效很差，还有很多副作用。如果能让一种B淋巴细胞不断分裂繁殖，就能获得纯度很高的单克隆抗体。遗憾的是，能产生抗体的B淋巴细胞由于细胞高度分化，不能无限增殖；癌细胞能无限增殖却又不能产生特异性的抗体。怎样解决这一问题呢？

1975年，英国科学家米尔斯坦和德国科学家科勒在前人工作的基础上，充分发挥想象力，不断进行实验和探索，设计了一个极富创造性的实验方案。他们想到，如果能产生抗体的B淋巴细胞与能无限增殖的骨髓瘤细胞进行融合，所得到的杂交瘤细胞将既能无限增殖又能产生大量的特定抗体。根据这一设想，他们进行了以下实验。第一步，获得能产生抗体的B淋巴细胞。把羊的红细胞注入小鼠，在小鼠脾脏中检测到抗羊红细胞的抗体后，从小鼠的脾细胞获取相应的B淋巴细胞。第二步，获得杂交瘤细胞。用灭活的病毒、聚乙二醇（PEG）、电刺激等方法在体外诱导鼠的骨髓瘤细胞和能产生抗体的B淋巴细胞融合。诱导融合后，培养基中有骨髓瘤和骨髓瘤的融合细胞、B淋巴细胞和B淋巴细胞的融合细胞、B淋巴细胞和骨髓瘤细胞的融合细胞、未融合的B淋巴细胞、未融合的骨髓瘤细胞五类细胞。第三步，用特定的选择性培养基筛选出杂交瘤细胞。在特定的选择培养基中，未融合的以及相同细胞核融合成的细胞死亡，只有杂交瘤细胞能存活。第四步，选出所需的杂交瘤细胞。由于小鼠脾细胞中有多种能产生抗体的B淋巴细胞，因此形成的杂交瘤细胞也有多种。对杂交瘤细胞进行克隆化培养和抗体检测，才能得到足够数量的能分泌所需抗体的杂交瘤细胞。第五步，扩大培养。将杂交瘤细胞放在液体培养基中，做大规模培养，或者注入小鼠腹腔内，进行体内诱生。第六步，提取单克隆抗体。从细胞培养液或小鼠腹水中，提取出大量的单克隆抗体。

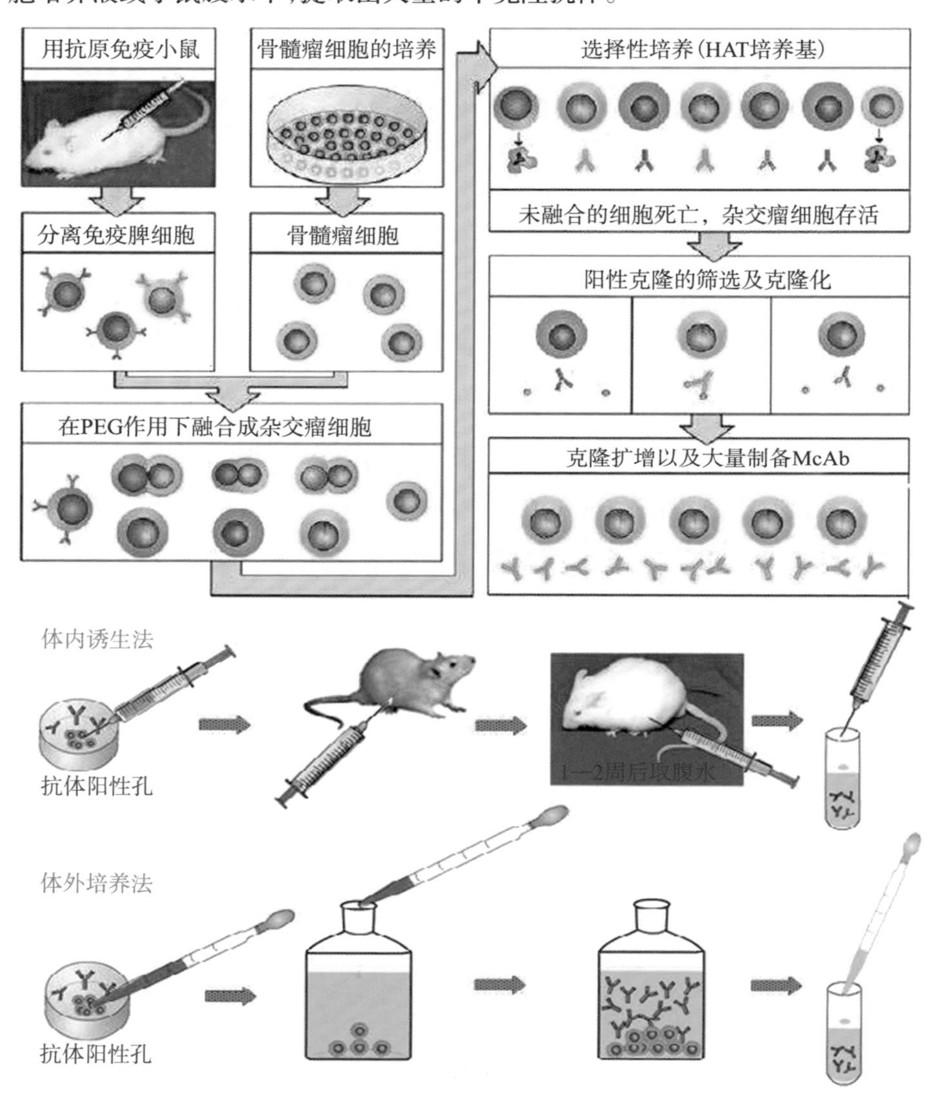

图3－19　制备单克隆抗体的过程图解

1984年10月，米尔斯坦、科勒两人因从事免疫系统的研究和“发现生产单克隆抗体的原理”而获得诺贝尔生理学或医学奖。

图3-20 米尔斯坦

单克隆抗体问世后，由于其纯度高、特异性强、灵敏度高等特点，迅速应用于很多医学领域。

首先，作为病原体的诊断试剂，用单克隆抗体来诊断疾病，不但准确，而且可以明显缩短诊断时间。例如，诊断淋球菌和疱疹病毒等引起的感染，普通的检验方法需要3—6天，用特异的单克隆抗体诊断，只需要15—20分钟。把引起脑膜炎的病原菌的单克隆抗体做成乳胶球，检测患者的病原菌样品，只要10分钟，就可以诊断出患者是否患脑膜炎。诊断过程中，患者再也不需要像过去那样先遭受抽脊髓的痛苦，再经历培养脊髓观察脊髓中有无病原菌过程长达几天的等待。

其次，单克隆抗体可用于癌症的早期诊断。早期诊断对于癌症的治疗是很关键的。用癌细胞做抗原制造出能特异性识别癌细胞的单克隆抗体后用放射性同位素标记。跟踪检测放射性，不但能检测人体是否患癌症，还能根据出现放射性的位置诊断癌症病灶的位置和大小。

此外，还可以用单克隆抗体对肿瘤进行导向治疗。科学家利用单克隆抗体在人体内能够特异性识别并结合某些癌细胞的特点，在单克隆抗体上接上毒素、化学药物和放射性同位素等能够杀死癌细胞的药物。经改造后的单克隆抗体能像导弹那样，将药物定向带到癌细胞所在的位置，将癌细胞“就地处决”。由于药物只对癌细胞进行“定向爆破”不损伤正常细胞，不但减少了患者的痛苦，而且减少了药物的用量。

作为一种疗效高、毒副作用小的新型药物，“生物导弹”不仅有广阔的应用前景，也有了成功的例子。在美国，一位医生把单克隆抗体和放射性碘结合后注射到晚期肺癌患者体内，不但抗癌效果好，还没有脱发、恶心等副作用。我国科学家也已经研制出了肺癌单克隆抗体，试验结果显示，这些单克隆抗体能准确地识别和结合肺腺癌细胞和肺鳞癌细胞，表现出良好的特异性杀伤作用。

目前，利用“生物导弹”治疗癌症正处于研究阶段，还有不少问题需要进一步研究解决，离实际应用推广还有一定的距离。随着科学技术的不断发展和进步，在不远的将来，科学家一定会用这枚“生物导弹”征服癌症，造福人类！

治愈脑癌的神奇病毒诞生记

神经胶质瘤是最常见的脑瘤，也是最恶性的癌症之一。由于抗癌药物很难通过血－脑屏障这道“大脑防火墙”，药物疗效很有限，患者存活率很低。从诊断到去世，患者存活时间大都只有12—14个月，极少有超过5年的。

一批神经胶质瘤晚期患者在手术、化疗、放疗失败后，尝试在美国杜克大学脑瘤中心接受一种新型病毒疗法的早期临床试验。

3年多以后，第一个接受这种治疗的女孩，体内的癌细胞竟然完全消失了。她神奇地被治愈了！这种新型病毒疗法是真正意义上的“脑洞大开”。第一天，通过手术将一根空心管插入患者的肿瘤中；第二天，将特制的“杂交溶瘤病毒”通过管子慢慢滴进去，无须麻醉、化疗和放疗。

该病毒疗法中的特制“杂交溶瘤病毒”是通过基因改造得到的。为什么用特制“杂交溶瘤病毒”呢？这还得从溶瘤病毒说起。溶瘤病毒是一类病毒的总称。溶瘤病毒感染宿主细胞后，在宿主细胞中大量繁殖，引起细胞裂解、死亡。溶瘤病毒感染正常细胞，也会感染癌细胞，但更倾向于感染肿瘤细胞，对肿瘤细胞的杀伤力更强。

为什么该病毒疗法中要用基因改造后的“杂交溶瘤病毒”呢？根据溶瘤病毒更倾向于感染肿瘤细胞并对肿瘤细胞产生更致命的影响这一事实，很多人都会很自然地产生用溶瘤病毒治疗癌症的想法。殊不知，天然的活体溶瘤病毒的毒性有强弱。如果注射的是一种剧毒的溶瘤病毒，在杀死癌细胞的同时也会杀死大量的正常细胞，导致一些严重的疾病，甚至死亡。如果注射的是毒性很弱的溶瘤病毒，虽对正常细胞的损伤小，但对癌细胞也没什么杀伤力，达不到治疗的目的。因此要安全有效地用溶瘤病毒抗癌，必须对其进行改造。

对很多种溶瘤病毒的毒性进行毒性试验和分析之后，杜克大学医学院的神经外科系教授马蒂亚斯·格罗梅尔选择了脊髓灰质炎病毒和鼻病毒进行改造，最终得到脊髓灰质炎病毒－鼻病毒的“杂交溶瘤病毒”。谈到这种杂交病毒的诞生，必须为格罗梅尔的“大脑洞”点赞。

脊髓灰质炎病毒的“最爱”是中枢神经细胞。脑瘤作为神经系统的癌症，是脊髓灰质炎病毒喜爱的“小鲜肉”。但令人沮丧的是脊髓灰质炎病毒也是导致小儿麻痹症的“罪魁祸首”，因为脊髓灰质炎病毒会感染、破坏运动神经细胞，引起人体肌肉萎缩乃至瘫痪，导致小儿麻痹症。所以从1950年开始，人类就拼命地想让它从地球上消失。

选择脊髓灰质炎病毒“以毒攻毒”后，格罗梅尔花了15年的时间来研究如何使脊髓灰质炎病毒在狠杀癌细胞的同时保证正常细胞的安全。为保证正常细胞的安全，格罗梅尔抓住使病毒失活的关键——去除脊髓灰质炎病毒中控制病毒复制的最关键的基因。处理后的病毒虽然安全，但不能杀死癌细胞，抗癌无效。怎样才能让它具有抗癌特性呢？格

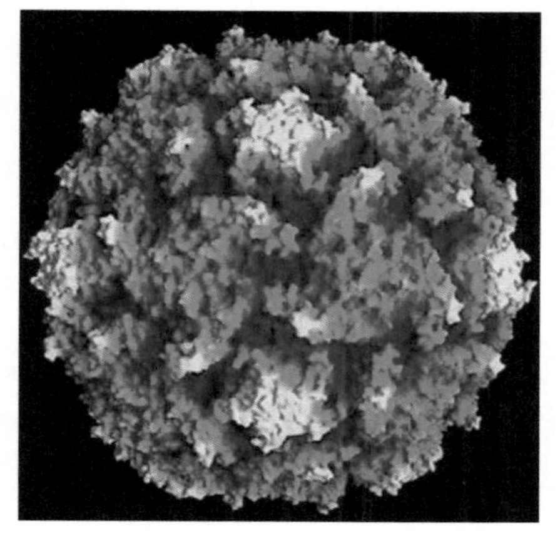

图3－21　脊髓灰质炎病毒

罗梅尔想到了鼻病毒。感染鼻病毒会引起一般感冒，但危险性小。鼻病毒中有一种特殊的基因元件。该元件最神奇的特点就是在癌细胞里面活性很高，在正常细胞里活性很低。转入了鼻病毒的特殊基因元件后，“安全的脊髓灰质炎病毒”就变成了“杂交溶瘤病毒”。在生物体内，特制的“杂交溶瘤病毒”不影响正常细胞，在癌细胞里却繁殖得很快，能很好地杀死肿瘤细胞。

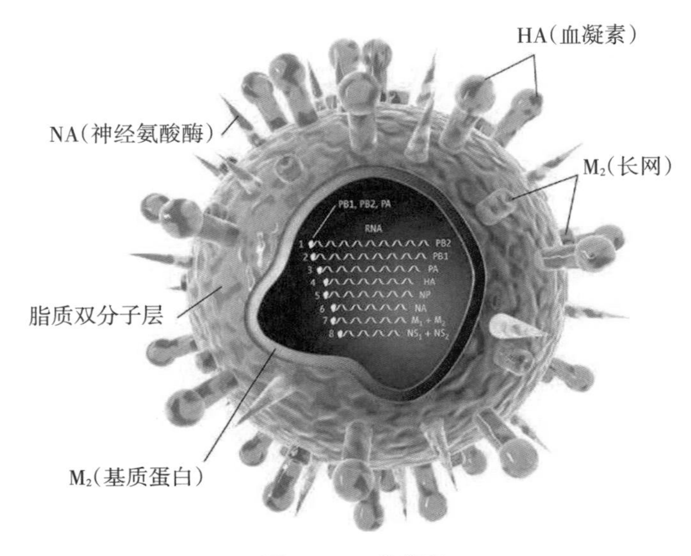

图3－22　鼻病毒

做出“杂交溶瘤病毒”之后，当格罗梅尔教授想把这个病毒推向临床，在患者身上测试的时候，遇到了严苛的挑战。由于这种“杂交溶瘤病毒”的设计和制作方法太新颖，美国食品药品监督管理局又深知脊髓灰质炎病毒的危害，非常担心它的安全性，所以拒绝格罗梅尔教授的申请。

为了说服美国食品药品监督管理局，格罗梅尔教授利用小鼠、大鼠、猴子等多种动物做了7年的动物安全试验。各种动物试验的结果都证明这个“杂交溶瘤病毒”是安全的、有效的。

2011年，美国食品药品监督管理局终于允许这个病毒进入“最严重，其他治疗都彻底没希望”的脑瘤患者体内进行测试。也是在2011年,20岁的斯蒂芬妮·利普斯科姆的脑瘤复发,在无药可治,又不甘愿放弃治疗的情况下,接受了“杂交溶瘤病毒”治疗,成为第一个吃螃蟹的人。结果,这个被预言最多只能活几个月的女孩,至今仍然健康地活着,并且体内的癌细胞全部消失。

无论从理论还是临床结果看,经过基因改造过的“杂交溶瘤病毒”都有希望从根本上改变癌症治疗的方式。在看好这种新型的抗癌方式的同时,我们也要看到这种神奇疗法背后可能存在的风险和应该谨慎的地方。首先是个体差异,同一种治疗方式,有的疗效显著,有的效果不明显,有的甚至无效,根据目前有限的数据,我们还不能准确判断到底有多少脑瘤患者能被治愈。其次是剂量控制,剂量太低,可能没用;剂量太高则会引起过强的免疫反应,在大脑中形成不可控的严重炎症反应,甚至直接导致患者死亡。

回顾格罗梅尔教授对“杂交溶瘤病毒”的研发过程,我们不难发现这几个时间数据,制作出“杂交溶瘤病毒”用时15年,动物安全性实验用时7年,第一例病患显效时间3年多。25年的时间里,格罗梅尔教授申请不到太多研究经费,发表不了太惊人的文章,他带着很小的团队,在杜克大学很小的实验室里默默地坚持。在这里,我们应该为他守住寂寞,厚积而薄发的科学精神点一个大大的赞!

被低估了智商的鱼

现代诗人徐志摩的一首长篇叙事诗《阿诗玛》中有这么一段:“传说鱼的记忆只有七秒/七秒后便不记得过往物事了/所以小小的鱼缸里/它也不觉得无聊/因为七秒后/每一寸游过的地方/又变成了新天地……”好美的诗啊!可万万没想到这几句诗在几十年后竟变成了一个巨大的谣言。因为这段诗,使金鱼一度成为人们口中健忘症的代名词，甚至连带其他鱼在我们心目中的印象都变得蠢笨起来。

金鱼真的只有7秒记忆吗？早在1965年，美国密歇根大学的科学家就做了这么一个实验。他们在金鱼缸的一端射出一道亮光，然后在亮光的位置释放电击，金鱼们被电得四处逃窜。重复几次之后科学家发现，当他们再次在鱼缸的一端射出亮光，不等释放电击，金鱼们就会迅速游向鱼缸的另一头以躲避电击。这一现象说明金鱼已经对电击的发生产生了记忆。而如果再多重复几次，金鱼对电击的记忆可以保持一个月之久。由此可见金鱼不仅不健忘，而且它们的智商可能远比我们想象的要高，那其他鱼呢？

来自悉尼麦夸里大学的行为生物学家古伦·布朗，从澳大利亚昆士兰州一条小溪中收集的成年虹银汉鱼中随机选出3条雄鱼和两条雌鱼，把它们放入一个特制的鱼缸，鱼缸中装有皮带系统，能够拉着一张垂直放置的拖网沿鱼缸的长边移动。拖网孔径不足1厘米，这些鱼是没办法穿过网眼的，但在拖网的中央有一个孔径为2厘米略大的网眼，当拖网从鱼缸的一端移动到另一端时，这个孔会给鱼提供逃生通道。布朗对每组5条共计5组鱼进行了实验，他观察到在第一次测试时，鱼儿们惊慌不已，在鱼缸里四处乱冲，显然不知道该怎么做才能逃离逐渐靠近的拖网。在随后的测试中，有个别鱼偶然地撞上拖网中间的孔洞而通过了拖网，到第五次测试时，每组中的5条鱼都能从中间的孔洞中逃离。布朗将这些鱼养在实验室中，不再让它们接触到实验鱼缸，在11个月之后，实验再次进行，结果鱼儿们在第一次测试中就能找到孔洞并逃出来。

11个月几乎相当于虹银汉鱼$\frac{1}{3}$的寿命，而实验中的虹银汉鱼在第二次实验中的表现证明了它们还记得近一年前发生过的事情，这个记忆可以说是相当长了。而在接下来的研究中我们发现，鱼类不仅能记住某个单一事物，它们还能将有关联的事物结合起来记忆，在脑海中形成一幅心象地图。

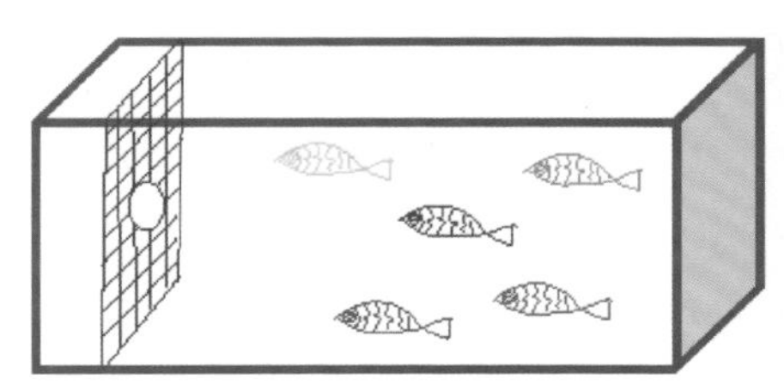

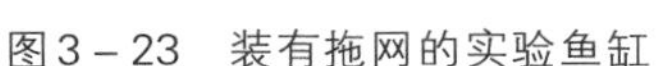

图3－23　装有拖网的实验鱼缸

图3－24　虹银汉鱼

深虾虎鱼是一种生活在大西洋的小型鱼类，它们喜欢待在靠近海岸的潮间带，因为这里有不少美味的食物。那么，当海水退潮，露出海边的岩石，只留下一个个小水洼，深虾虎鱼是怎么准确找到水洼的位置，避免留在岩石上被太阳暴晒而送命的呢？美国生物学家莱斯特·阿伦森在一个大鱼缸里放置了一块凹凸不平的人造礁石，然后定时向鱼缸中放满水和排干水来模拟海水的涨潮和退潮。阿伦森将捉来的深虾虎鱼随机分成两组，一组先放入“满潮”时的鱼缸中，让它们在鱼缸中游来游去一段时间，而当“退潮”时，这些深虾虎鱼都能准确地留在水洼中，阿伦森再用棍子模拟捕食者去戳有深虾虎鱼的水洼，有97%的鱼能跳起来进入旁边的安全水洼中；而另一组深虾虎鱼则没有经历过“满潮”，直接放入“退潮”时的水洼中，当阿伦森用模拟捕食者的棍子去戳这些水洼时，只

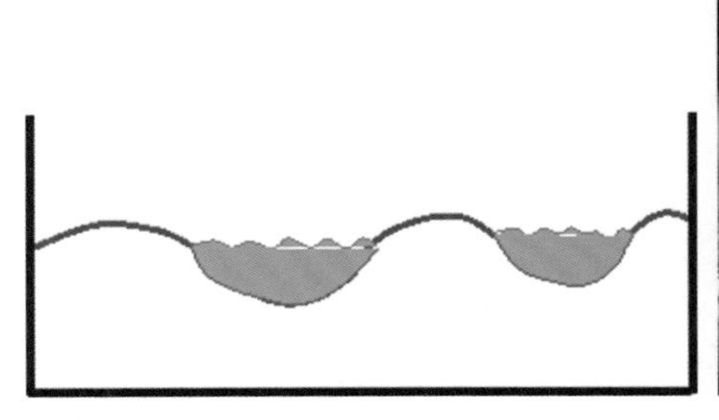

图3－25　退潮时礁石上零散分布着的水洼

图3－26　深虾虎鱼

有15%的鱼能跳到旁边的安全水洼中，跟随便乱跳没什么区别。原来，小小的深虾虎鱼能趁着满潮时一边游泳一边记住潮间带的地势，牢牢记住低洼地势的分布，而这些地方在退潮时就会形成能救它一命的水洼。

深虾虎鱼的这种神奇本领，其实跟人类认知制图的能力是一样的，它们能够收集、组织、储存和处理地理环境信息，并按空间对象的位置和空间结构组织成有序的心象地图。

非联想式学习、习惯化、敏感化、假性条件反射、回避学习、控制转移……除了记忆，鱼类还具有多种多样的学习行为。

在圣安德鲁斯大学和达拉谟大学联合进行的一项研究中，研究人员研究了270条九刺鱼。他们让其中一些鱼接近一个装满虫子的饲料箱A和一个没有虫子的饲料箱B，因此这些鱼知道哪个饲料箱是最好的食物来源。然后让这些鱼看着其他鱼进食，但是饲料箱已经调换了位置。九刺鱼根据自己的经验知道饲料箱A有更多的虫子，但是饲料箱调换了位置之后，它们能发现饲料箱B有更多的虫子。接下来研究人员将这些鱼放回去找食，发现它们不是依赖自身的经验，而是依赖观察其他鱼获得的线索，直接奔到饲料箱B。

由此可见，九刺鱼可以通过观察将自己的经验与其他同类的成功经验进行对比，选出最好的食物源。这样能让它们既找到最好的食物源，又很好地把自己隐藏起来，不被捕猎者发现。这是一种与众不同的高级社交学习能力。鱼类的学习方式比我们以前认识到的更像人类。

图3－27　九刺鱼

从以上种种实验现象我们不难得出，鱼类不仅不是只有7秒记忆，而且它们的记忆力不错，甚至整个智商水平都比我们想象的高得多。

动物们的群体行为

图3–28　黄山短尾猴

黄山短尾猴是典型的集群生活的动物，在恶劣的自然环境中生活时，通过形成群体相互合作可以更好地发现食物和抵御天敌，有利于提高个体的生存能力。由于资源是有限的，群体生活会使得个体之间在食物、空间乃至配偶等方面的竞争加剧，不利于整个群体的稳定。所以在动物的集群运动中，必须要有一些复杂的行为机制来维持群体的凝聚力。

安徽大学李进华研究团队从1983年起开始了对黄山短尾猴集群运动的研究。研究团队长期跟踪研究黄山野生短尾猴群体，他们发现猴群内等级分明，整个群体由猴王支配，其他成员更多的是跟随决策。在一个12个个体的黄山短尾猴群体中，一旦群体中形成了个体数达到3个或3个以上的小团队，该小团队的行为策略就更容易被效仿，并且，随着小团队内个体数量的增加，引起猴群集体行为的成功率也会提高，当小团队个体数达到7个或7个以上时，引起集体行为的成功率达到100%。群体行为成功率越高，群体结构越稳定。

其实动物的集群运动历史悠久，可以追溯到约5亿年前的寒武纪。1984年，时年34岁的侯先光教授为了寻找高肌虫化石来到云南澄江，在这次挖掘中，侯先光获得了一块非常重要的化石。

在这块化石上有20个节肢动物个体，一一相扣，排成一排长队“活动”。这

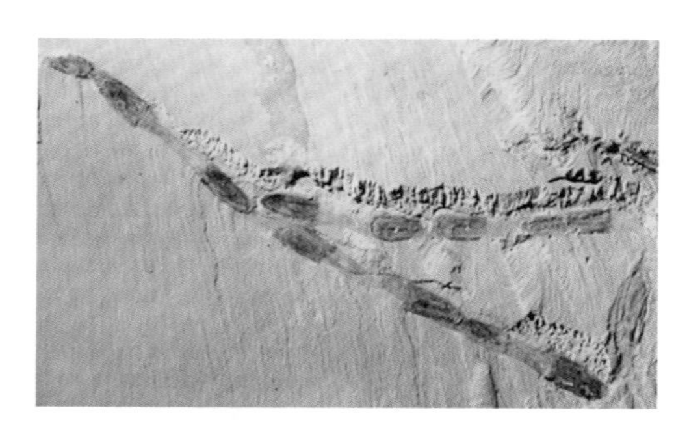

图3-29　侯先光发现的化石

是科学家发现的迄今最早的动物群体行为。也就是说动物复杂的群体行为可能在寒武纪生命大爆发时就产生了。

群体决策是实现动物集体行为的关键途径。人类社会是高度复杂和组织化的，对于人类来说，这些决策问题可以通过商量、讨论、协调、博弈等各种方式解决，那么动物的群体决策是如何实现的呢？在群体决策过程中，如何能够保持整个群体协调一致地行动？感知和通信是其中非常重要的一环，而这又是如何实现的呢？

没有领袖的团体——自下而上的秩序

椋鸟是一种喜欢集群活动的鸟类，在觅食或者迁徙时，它们常常一大群聚集在一起飞行，多的时候可以达到上千只。当椋鸟群在城市上空飞过，它们时而围拢，时而分开，像巨大的礼花在空中绽放，壮观无比……

图3-30　椋鸟群

图3-31　椋鸟

而椋鸟们能这么整齐划一地行动所遵循的原则,其实和哈佛大学心理学教授斯坦利·米尔格兰姆的"六度分隔理论"有异曲同工之处。米尔格兰姆教授想要了解人与人之间的人际联系网,于是他设计了一个连锁信实验。他让实验志愿者利用自己的社交圈想办法把信件送到一个指定地点,例如:从密歇根大学的某个学院到蒙特利尔犹太人社区。经过多次反复实验,他发现,平均来看,为实现一次送达,需要6个中间人。利用这个原理,德国的一家报纸很容易就帮法兰克福的一位土耳其烤肉店老板找到了他和他最喜欢的影星马龙·白兰度的关联。

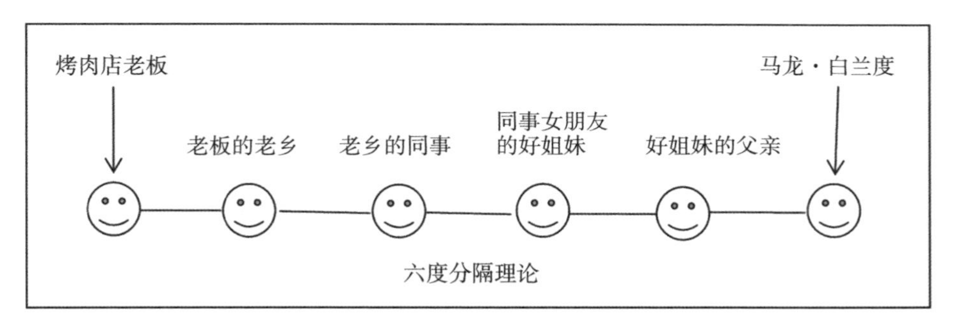

图3－32　六度分隔理论示意图

椋鸟在飞行时只看周围大约6只同伴的行为,只要和它们保持一致就行。椋鸟之间的这种"六度分隔"的联系是相对稳定的,即使在飞行过程中有个别鸟脱离了群体也不会影响整个队形的保持,因为整个团队的行进不是依赖由上而下的管理,而是由下而上的个体间的协调。椋鸟通过这种个体间的合作实现了整个大群体的协调一致。除了椋鸟,还有很多生物也能通过自己独特的方式来进行群体决策。

蚂蚁的最佳路径——受信息素浓度的吸引

不知你是否注意到蚂蚁爬行的路线,它们集体从巢穴外出觅食,总是走一条捷径,而不是四面八方到处寻食。它们怎么知道哪一条路最短、最有效？难不成它们具有千里眼？显然不可能。那蚂蚁们是依靠什么来导航的呢？

其实一开始，蚂蚁在外出时并没有明确的目标，我们假设出门觅食的蚂蚁分成了三支小分队，分头行动。1号小分队走了条偏离目标的路，路的那头什么都没有，2小时之后，蚂蚁们垂头丧气、两手空空地回来了；2号小分队走了不久就发现了一块饼干，它们迅速地把一部分饼干渣搬回巢内，然后又再次出发，在2小时内它们往返了12次；3号小分队多绕了几个弯，不过最终还是找到了饼干，它们也把饼干渣搬回巢，然后又再次出发，不过因为路程较远，它们在2小时内来回了4次。接下来，奇怪的事情发生了，从蚁巢里第一次出来觅食的蚂蚁们都不约而同地选择了2号线路，蚂蚁大军逐渐集中，最后就只有一个整齐的队伍了。蚂蚁们是怎么知道2号线路才是到达食物点最快的路呢？经过观察我们发现，原来出门探路的蚂蚁小分队一边走，一边在路上涂抹了一种化学分泌物——信息素，走的次数越多，路上信息素就涂抹得越浓。可想而知，那些新出门的蚂蚁一开始就往2号线路集中，原因很简单——被浓厚的信息素所吸引。原来蚂蚁就是这样通过信息素来传递信息，从而顺利完成群体行为的。

跟蚂蚁用信息素传递信息相比，蜜蜂的群体决策就更类似于人类群体的活

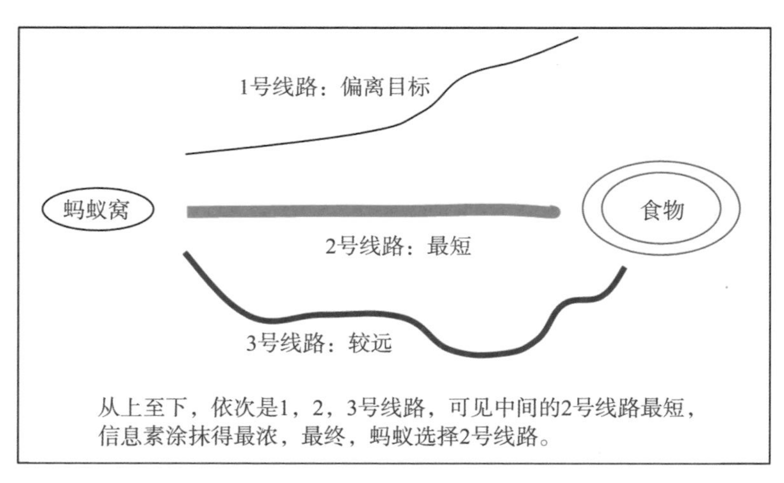

图3－33　蚂蚁觅食示意图

动规律。

少数服从多数——最简单直接的群体决策过程

西里的《蜜蜂民主》一书中描述了蜜蜂的群体决策过程，当蜜蜂在决定换巢穴时，会出动一批侦察蜂，侦察蜂在发现合适的位置时，会回到蜂群外围跳摇摆舞告诉其他蜜蜂位置信息，摇摆舞的剧烈程度和持久度可以代表位置的信息。侦察蜂飞出去的方向是随机的，包括了蜂巢周围所有方向，在最早的侦察蜂返回的时候，会吸引新的侦察蜂重复访问潜在的蜂巢地址。在有不同候选蜂巢出现时，越多侦察蜂聚集的方向，该候选蜂巢的信息强度会加倍，从而吸引更多蜜蜂侦察兵选择该候选蜂巢，最终形成了蜂巢选择的群体决策。

其实从椋鸟的群飞、蚂蚁的列队前进和蜜蜂、猴子群体内的少数服从多数可以看出，动物的集体行为，虽然参与者众多，却井然有序，只要履行一些简单的原则就能做到。动物的种种群体行为，在人类社会中均能觅见踪迹。了解动物的行为，便能洞察我们人类行为的进化轨迹。

奇妙的性逆转现象

图3－34　雄性红鲷鱼和它的“家人们”

在阿拉伯海里生活着一种红鲷鱼，它是由一条雄鱼带领一群雌鱼一起生活。如果作为一家之长的那条雄鱼不幸死掉，在这个家庭里很快就会重新冒出一条雄鱼来代替原来“家长”的职务。

这条雄鱼是怎么出现的呢？一位生物学家做了这样一个实验：将原本生活在一

起的一个红鲷鱼家族中的“家长”——雄性红鲷鱼和它的“家人们”——雌性红鲷鱼分别养在两个玻璃缸中，让它们彼此可以看见，这样不管分开多少时间，雌性红鲷鱼的群体中都不会变出雄鱼来；如果用不透光的木板将两个鱼缸隔开，让两边的鱼彼此看不见，结果雌性红鲷鱼的群体中很快就出现了一条雄鱼。也就是说，在雌性红鲷鱼中有一条由雌性变成了雄性。为什么会发生这样的现象呢？原来雌性红鲷鱼对雄性红鲷鱼身上鲜艳的色彩很敏感，一旦雄鱼不见了，失去了这种色彩的刺激，身体最强壮的雌鱼首先受到影响，继而分泌出大量的雄性激素，使它原本的雌性性征消失，雄性的精囊形成，体色变得鲜艳，就变成了一条雄鱼。像红鲷鱼这样雌雄性别不仅由染色体决定，还会受其他因素影响的生物在自然界还有没有呢？

高等植物多数是雌雄同株的，不存在性别转变，在印度，天南星是为数不多的性逆转植物之一。印度天南星最特别的地方在于在它长达15—20年的生长期中，总是非常任性地不断在雌、雄、中性之间随意转换，直到死亡。其实印度天南星的这种性别转换与它的生命历程有关。印度天南星在结果时会耗费比较多的能量，如果它年年结果，营养会供应不上，不利于植株生长，甚至会导致植株死亡。所以它只有长到一定大小才能变成雌性，繁衍后代。而且，如果环境变得恶劣，雌性天南星还能变为雄性，当环境条件好转且它的体形足够大时，

图3－35　天南星植株和块茎

再变回雌性。

在动物界，性逆转现象就更常见了。性逆转的动物往往是因为它们的体内同时具备雌、雄性生殖器官，一般情况下只表现其中一种，而在某种特定条件下会激发被抑制的另一个器官，从而发生雌雄个体的转化。

动画片《海底总动员》中的尼莫是一条小丑鱼，它喜欢跟海葵生活在一起，所以常被称作海葵鱼。小丑鱼是群居鱼类，它们常常是由一条体形较大的雌鱼、一些个体较小的雄鱼和一些未成年的鱼组成群体，大的成年雌鱼就是它们的最高领导者——家长。当“家长”迁徙或死亡时，“家人”中体形最大的一条雄鱼能在60天内改变其外部特征，如体形变大、颜色变鲜艳等，进行“转性”变成雌鱼，并且产卵，成为这个鱼群新的“家长”。

图3－36　小丑鱼

前面我们讲到的性逆转现象都是受到特定环境影响来激发的，相比之下，黄鳝的性逆转已经是其生命历程中不可缺少的一环了。

小黄鳝一出生，它的卵巢就开始发育，而它其实同时也拥有精巢，只不过被压制着不发育，也就是说，黄鳝一出生就是雌雄混合体。当长到一定体形和达到一定年龄后，它们的卵巢逐渐萎缩，精巢开始发育，曾经的“小姑娘”变成了“老大叔”。

虽然鱼类和人类不同，它们的雌性一生中的卵子数量是没有上限的，按理说可以一直保持雌性来繁殖，但随着年龄的增长，卵巢的机能会发生衰老，这个时候再维持“女儿身”，就不能保证最高效率繁衍的目的，而转化成雄性，从未

图3-37　黄鳝

使用过的精巢可是活力旺盛的。另外，当环境中食物匮乏时，也会导致黄鳝的性逆转提前，这样的转化，有利于整个族群的繁衍。

其实，自然界中性逆转的例子还有很多，我国古代文献《尚书·牧誓》有"牝鸡司晨"的记载，本义为母鸡报晓，这也是一种性逆转现象，在这里母鸡具有了公鸡的第二性征，长出了鲜艳的羽毛，还会报晓打鸣，但能不能像真正的公鸡一样与母鸡交配产生后代，那就不得而知了。科学家通过对动物性逆转的研究，不仅增加了对生物现象的了解，也尝试着把研究成果应用到我们的生产实际当中，为人类造福。比如吴郭鱼（在中国大陆地区又称作罗非鱼）因为其肉多、刺少，吃起来安全而很受人们的喜爱。在养殖吴郭鱼的过程中，养殖专家发现，在吴郭鱼性别分化的关键时刻提高水温，会抑制雌激素的分泌，造成雄性化的现象，而雄鱼长得比雌鱼快，体形比较大，喂同样多的饲料，雄鱼可以长出更多的肉来。吴郭鱼的这种性逆转现象，无疑是上天给养殖者最棒的礼物。

吃不胖

本着吃饱了才有力气减肥的"宗旨"，想减肥的人往往在朋友圈里一边运动打卡减肥，一边晒美食照片，一边感叹：要是随便怎么吃都吃不胖该多好啊！新的研究发现了一些小鼠吃不胖的奥秘，人类吃不胖的愿望也许就要实现了哦！

嗅觉和肥胖有关系吗

常言道“香得口水直流”，这说明嗅觉会影响人的食欲；常言又道“吃得越多，长得越肥”，这表明食量越大，体重越容易增加。那么，嗅觉是通过影响食量来影响体重的吗？

研究人员通过破坏控制小鼠嗅觉神经元基因的方式，破坏了小鼠的嗅觉神经元。发现在嗅觉神经元遭到破坏后，小鼠体重很快就降下来了。研究人员本以为，小鼠嗅觉受损，吃饭不香，食欲减退，吃得少了，理所当然就瘦了。然而，对小鼠的食量进行统计后发现，嗅觉遭到破坏的小鼠和普通小鼠的食量居然没有差异。

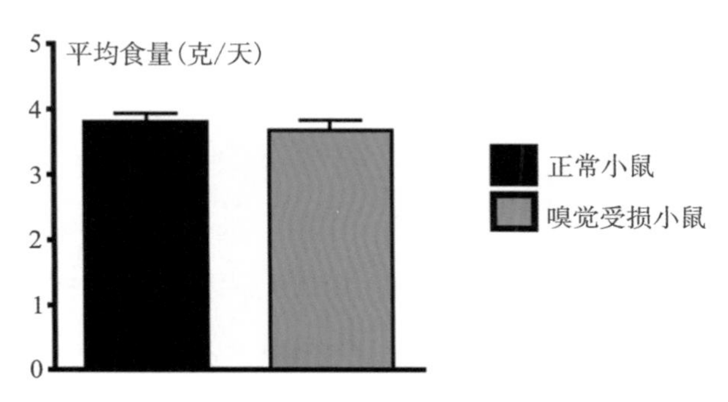

图3－38　嗅觉受损的小鼠和正常小鼠的食量比较

为什么会出现这样的结果呢？难道是研究人员破坏小鼠嗅觉神经元基因的时候，无意中还破坏了其他神经，从而影响了代谢？为此，研究人员用一些只感染嗅觉神经元的病毒，暂时破坏了小鼠的嗅觉。除了嗅觉外，大脑的其他功能都正常。实验结果显示，在食用了同样的食物后，正常鼠的体重约为49克；嗅觉受损的小鼠体重只有33克，降幅达33%！嗅觉受损的小鼠是如何快速减肥的呢？研究人员仔细研究了小鼠的生理变化，发现嗅觉受损的小鼠通过增强交感神经系统的活动来促进脂肪燃烧。

嗅觉受损会使交感神经系统的活动增强来促进脂肪燃烧。那么，破坏肥胖小鼠的嗅觉，能让肥胖小鼠恢复健康吗？研究人员破坏肥胖小鼠的嗅觉后发现：即使肥胖小鼠仍然食用大量高脂肪食物，体重却急剧下降并恢复到正常范围。在对实验小鼠的脂肪、肌肉、器官、骨密度等指标进行检测后，研究人员惊喜地发现，肥胖小鼠体重的减少仅限于脂肪的减少，肌肉、器官、骨密度都没有发生变化。

失去嗅觉会使小鼠减肥，那么小鼠的嗅觉增强会发生什么呢？实验结果表明：摄入相同且等量的高脂食物后，嗅觉增强的小鼠体内脂肪含量也显著增加。

综上可知，控制小鼠的嗅觉就可控制小鼠的体重。如果能在人体中验证这个发现，也许就可能开发出一些新药来控制体重了。

找到吃不胖的关键基因

不少肥胖患者在节食减肥过程中，因节食产生的精神压力会刺激大脑激素分泌，激发更强的食欲。那么，在正常饮食情况下，减少对脂肪的吸收，能减肥吗？这得从脂肪的消化吸收说起。

在消化过程中，脂肪被小肠上皮细胞转变成乳糜微粒后被小肠绒毛上的乳糜管（一种淋巴管）吸收，并运输到血管进入血液循环。按照常理，乳糜微粒体积较大，是很难被乳糜管吸收的。那么，乳糜微粒究竟是如何进入乳糜管的呢？研究发现，乳糜微粒的吸收与乳糜管中内皮细胞之间特殊接合点的接合状态有关。当接合点处于纽扣状的接合状态时，内皮细胞之间的间隙较大，乳糜微粒可以通过；当结合点处于拉链状的接合状态时，乳糜微粒的运输通道被完全密封，无法运输到血管中。乳糜管中内皮细胞之间接合点的存在状态究竟和什么有关呢？进一步研究发现，当VEGF－B蛋白低时，乳糜管中的内皮细胞之间接合点呈纽扣状，脂肪微粒被吸收；当VEGF－A蛋白高时，乳糜管中的内皮细胞之间接合点呈拉链状，脂肪微粒吸收被阻止。既然脂肪的吸收和VEGF－B蛋白有关，那么敲除控制VEGF－B蛋白表达的基因会怎样呢？研究人员对5周龄的小鼠敲除了乳糜管内皮细胞中调控VEGF－B蛋白表达的基因（以下称“敲除鼠”）。将敲除鼠培养3周后，研究人员给8周龄的对照鼠和敲除鼠喂食

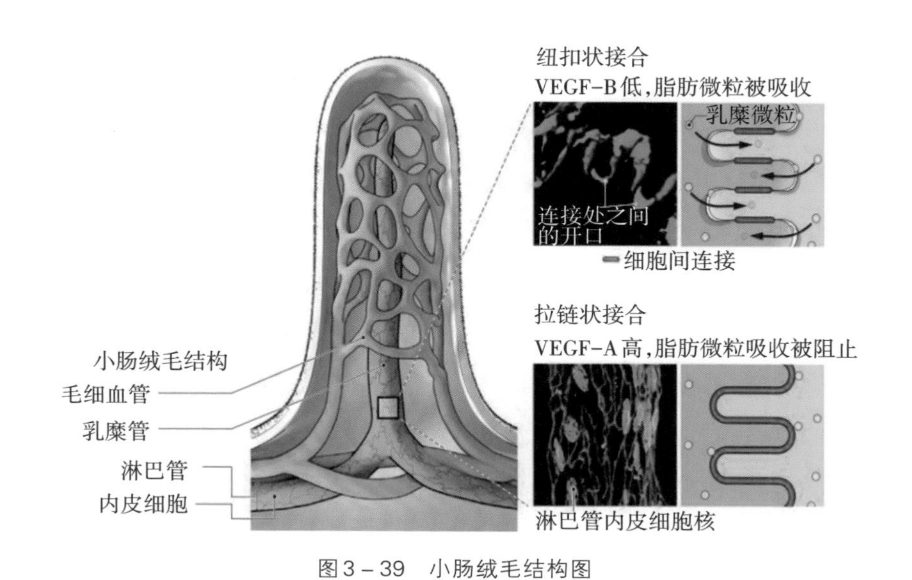

图3－39　小肠绒毛结构图

等量高脂饲料,16周后,敲除鼠体重几乎没有变化,对照组小鼠体重变为原来的2倍。

也许在未来,如果我们能够研究出某种药物关闭控制VEGF－B蛋白形成的基因,或者吃多了食物后来一颗VEGF－A类似物胶囊来控制脂肪吸收,或许就能维持正常的体重哦!

喝水能燃烧脂肪?

人体内既有褐色脂肪组织,也有白色脂肪组织。比较而言,褐色脂肪组织中的脂肪液滴更小,线粒体更多。必要时,褐色脂肪组织会"燃烧"自己,释放热能来维持体温。根据褐色脂肪组织的这种特性,科学家想到了通过激活褐色脂肪组织,燃烧脂肪来减肥的方法。

然而,褐色脂肪组织中的脂肪却很难被激活。我们知道,在寒冷条件下,这些脂肪的燃烧会增多。由此科学家推测:寒冷条件下褐色脂肪组织被激活可能与大脑的信号通路，以及这些组织中的特殊受体有关。研究人员想针对这些受体来开发减肥新药，遗憾的是，至今没有取得成功。此路不通，科学家便另寻其他方法去激活这些脂肪使其燃烧。

寒冷条件下，褐色脂肪组织中会不会有某种代谢产物能够激活脂肪使其燃烧呢？如果有，在寒冷条件下这种代谢产物含量也一定会增多。循着这种思路，研究人员在褐色脂肪组织中寻找能促进脂肪燃烧的代谢产物。他们发现了寒冷条件下，褐色脂肪组织中一种叫琥珀酸的代谢产物含量升高很明显。

琥珀酸能促进脂肪燃烧吗？研究人员进行了一系列探究实验。首先，研究人员将用放射性同位素标记过的琥珀酸注入小鼠体内。一段时间后，在小鼠的褐色脂肪组织中检测到很强的放射性。这说明，琥珀酸与褐色脂肪组织有特殊的联系。

接下来，研究人员将琥珀酸添加到小鼠的饮用水中，持续4周后，他们发现小鼠能够耐受高脂肪食物并避免肥胖！后续研究表明，这一效果依赖于一种叫作UCP1的蛋白质。总的来说，通过饮食添加琥珀酸确实可以在燃烧脂肪和控制体重中起作用。

研究表明，小鼠和人类的脂肪比例是不同的。人体内褐色脂肪组织的比例本身比较低，随着年龄增长，这个比例会越来越低。因此，该研究对于人类的减肥效果还有待观察。但是，琥珀酸能促进人体的脂肪燃烧，这对于肥胖症患者和想要保持好身材的普通人而言都将是一个福音。含有琥珀酸的“减肥饮料”会在不久的将来问世吗？我们拭目以待！

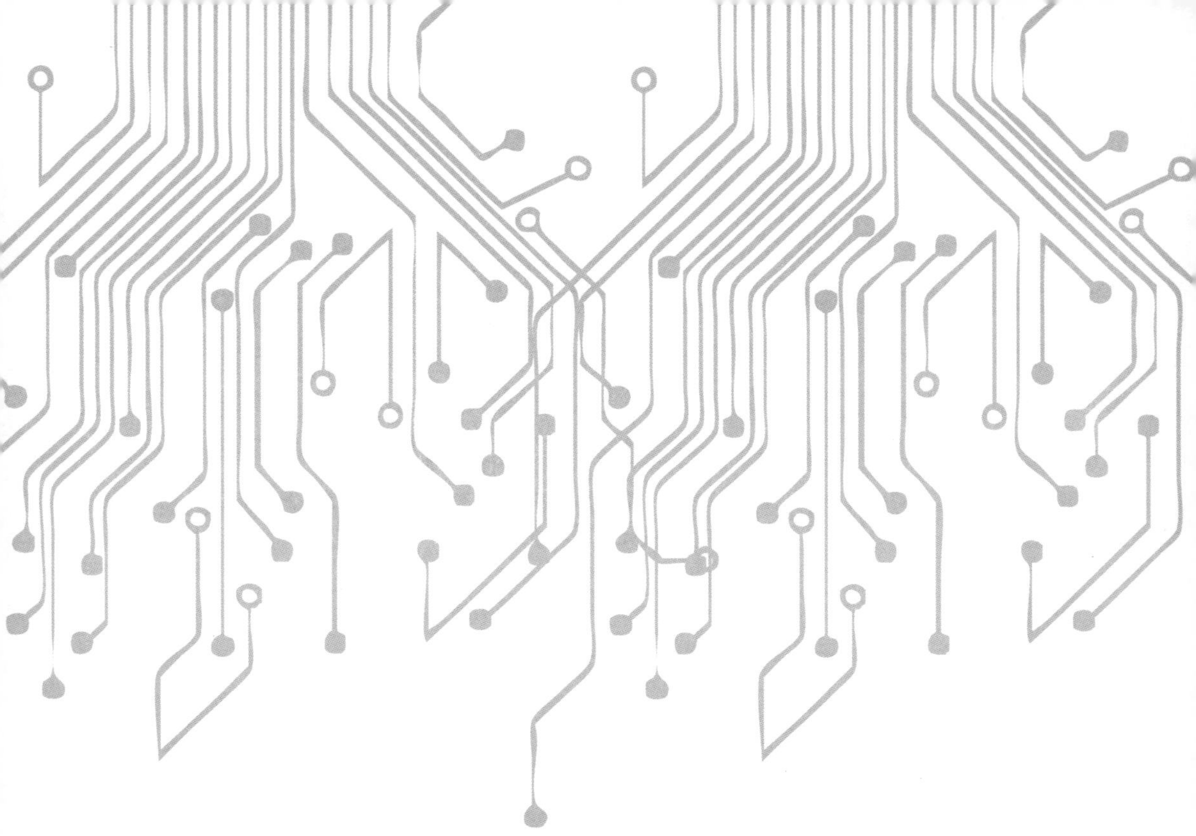

第4章

对地说理之趣

地理是一门跨自然与社会两大领域的应用性学科，大自然的鬼斧神工奇观令人惊叹，街谈巷议的人文民俗让我们痴迷。古人常用“上知天文，下知地理”来形容一个人博学多才，说明地理学科涵盖内容之全、应用范围之广。本章讲述有趣的地理实验，上至变幻莫测的天空，下达深不可测的地球内部，展示了地球的神奇力量。

破解地图中的奥秘

2017年，英国波士顿公立学校新引入了一种全新标准的世界地图（如图4-1），看完这幅地图，是不是刷新了你对世界的新认识？北美洲显得没那么大，而欧洲大陆也缩了水，非洲、南美洲也变得比较狭窄，但更修长。整个世界大陆的轮廓都和我们以往的认知是不相符的。

这到底是怎么回事呢？到底哪幅地图才是正确的呢？其实，世界地图也有多种版本。这是由于地球是一个不规则的球体，当我们把三维球面上的地理事物转化到二维平面图上的时候，所采用的方法不同，自然呈现的地图也不相同。这次英国学校引入的世界地图是“高尔·彼得斯投影”世界地图，而我们目前通用的世界地图是“墨卡托投影”世界地图。

这些世界地图是怎么制作出来的呢？

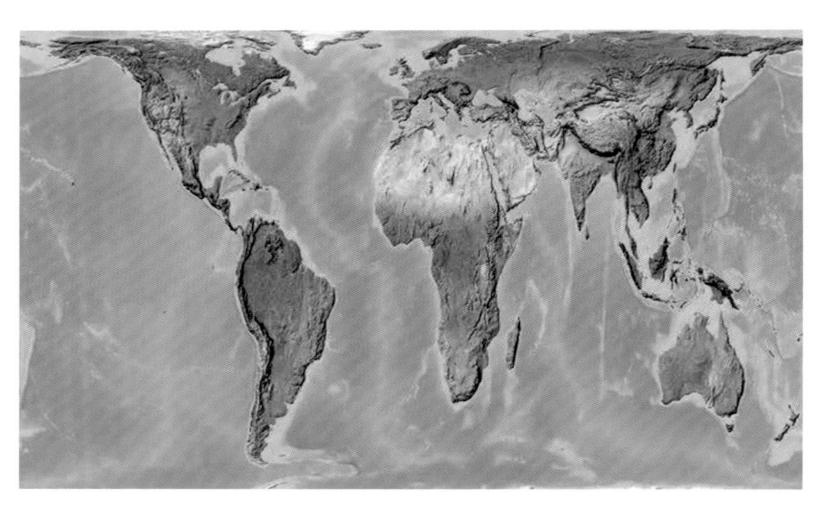

图4-1 “高尔·彼得斯投影”世界地图

“墨卡托投影”世界地图：形状准确，面积失真

目前世界通用的“墨卡托投影”地图是荷兰地图学者哈德斯·墨卡托在制图实践中不断尝试得出的。1530年，18岁的墨卡托师从海玛·弗里西乌斯教授，钻研地理学、制图学等。当时世界正处于大航海时代，麦哲伦等人在不断证实地球是个球体，可当时的航海家却没有一幅适合的地图用于精确地标出航线。于是墨卡托一边和西班牙、葡萄牙等国的航海家保持密切联系，一边把自己埋在图书馆里面查阅了超过一千本书和平面地图，通过不断地计算、尝试、绘制、修改、再模拟等过程，发明了等角正圆柱投影法，后人命名为墨卡托投影法。

墨卡托假设地球被围在一个中空的圆柱里，其标准纬线与圆柱相切(赤道)接触；然后再假设地球中心有一盏灯，把球面上的图形投影到圆柱体上，再把圆柱体展开，这就是墨卡托投影法绘出的地图。用这种方法投影出来的地图，呈现长方形的图廓，在地图上可以显示全部的经线和纬线，其经线、纬线也都和地球仪上的一样，互相垂直(如图4－2)。

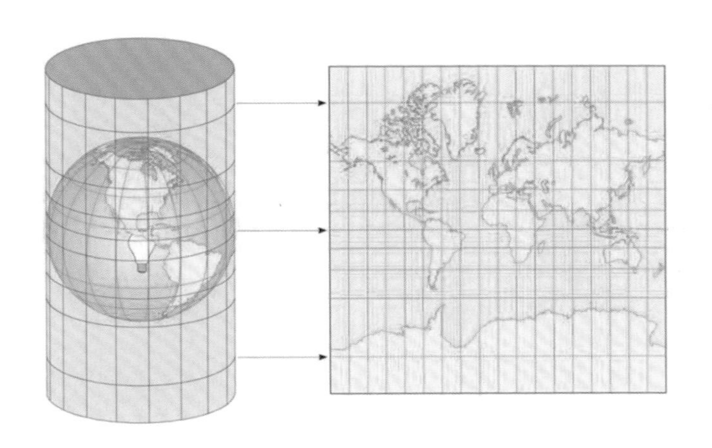

图4－2　墨卡托投影法

墨卡托投影法能够保持大陆轮廓投影后的角度和形状不变，对航海很有用，也是应用最广泛的方法，我们平时看到的谷歌地图、百度地图，都使用了墨卡托投影。

应用最广泛，是不是就说明是最精准的呢？

其实，墨卡托投影法使陆地面积发生了变形。由于墨卡托把极点处的经线、纬线拉得和赤道地区一样长短，那么离南北两极越近，拉伸的幅度越大，大陆面积看起来要比实际大很多。这使得地图使用者对大陆面积的真实大小产生了误解。如：位于北美洲东北部的格陵兰岛看上去和非洲的面积差不多。事实上，非洲比格陵兰岛大14倍。

下面我们用一个橘子来说明这种变形到底是怎样的。我们在橘子上画出简单的经纬线和大陆轮廓（如图4－3），然后沿0°经线剖开，其余经线剖开到赤道附近（即赤道附近保持相连）。接着平展开，我们就可以发现每瓣橘子皮中间有很大的缝隙，但是柱状投影图是把这一部分也算作相邻区域的，即每瓣橘子都投影成矩形区域（如图4－3）。由图可知，赤道上基本没有变化，纬度越低准确度越高，纬度越高越失真。

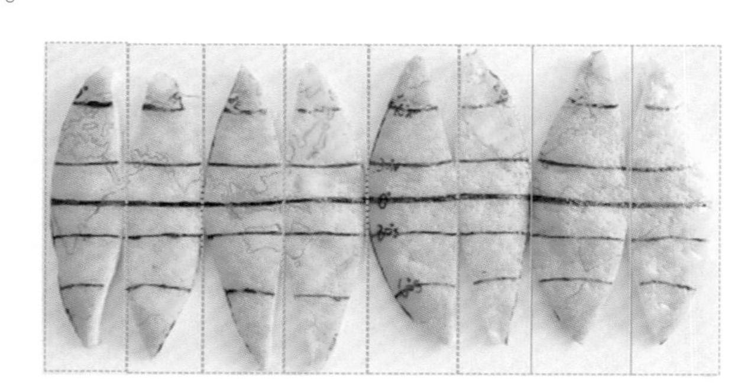

图4－3　橘子实验展示

“高尔·彼得斯投影”世界地图：面积准确，形状失真

那么英国波士顿公立学校新引入的“高尔·彼得斯投影”世界地图会比我们

通用的墨卡托地图精准吗？会使得大陆面积看起来更准确吗？

1974年，德国历史学家阿诺·彼得斯找到了解决这个问题的方法，通过实际地表面积展示各大陆板块，在保证大陆比例和面积正确的同时，使非洲、北美洲的形状按比例变形，比如非洲就变得特别瘦长（如图4－1），北美洲变得非常狭小，还不够非洲“塞牙缝”的。

再现创新性制图方式：最符合需求的地图才是好地图

其实，地球是个球体，要把球体在平面上呈现，就要经过投影，而经过投影呈现的地图，就会出现失真现象。这就像是把一个篮球切成两半再铺开，篮球表面肯定会有褶皱。非要把褶皱铺平，就肯定会有一定程度的变形。

面对注定要失真的世界地图，我们就束手无策了吗？实际上，还是有人在努力让我们通过地图看到更加真实的世界，中国科学院测量与地球物理研究所的专家们就正在做这样的事情。

他们创造性地提出：“地球是圆的，可以纵切，就可以横切，有‘经线世界地图’，就可以有‘纬线世界地图’。”根据这个创新思维，他们按照“双经双纬”的原则，东半球版和西半球版为“经线世界地图”，北半球版和南半球版为“纬线世界地图”，等于用四种不同的视角来看待世界。尤其是通过“横切”地球得到的两幅“纬线世界地图”，突破了以往地图设计“纵切”的局限，使得南北极周边的地区被更真实地展现出来。

在东半球版世界地图上，太平洋、印度洋和大西洋占据了版面的主要位置，海洋面积变形相对较小，因而适用于呈现国际航海线；西半球版世界地图以0°经线为中央经线，国际日期变更线分布在图幅两边，东经和西经对称排列，因此更适用于表示世界标准时区分布。

在南半球版世界地图上，因南极洲的形状和面积变形较小，适用于表示各国在南极地区的科学考察站位置；北半球版世界地图则尤其适合国际航空线的呈现，因为世界上三分之二的陆地和五分之四的国家都位于北半球。

中国科学院测量与地球物理研究所的郝晓光说："这四张地图每一张都是从某一个角度看世界，都有其独特性。把四张结合到一起，才是一种理想的世界图景。"

地图既是科学，又是生活

世界地图的研制过程是科学的、严谨的，它的发展变化就是人类与周边世界的发展变化，它告诉人们世界的框架和模式，仿佛世界就是地图呈现的那个样子。可它又并非那么遥不可及，它是与我们生活息息相关的必备品。

牵着骆驼测地球的周长

"鹊桥"中继星作为"嫦娥四号"探测器与地球之间传递信息的"通讯员"，于2018年5月21日在西昌卫星发射中心发射升空。此次发射搭载了两颗月球轨道编队超长波天文观测微卫星"龙江一号""龙江二号"。"龙江二号"在进入月球运行轨道后给地面工作人员传回一张地球的照片。

图片中的地球就像一个蓝白色大理石的球体。在现代高科技条件下，我们通过卫星拍摄就可以直观地看出地球的形状，并测算出地球的周长。但是在2000多年前，人们尚未证实地球是个球体的时候，古希腊地理学家埃拉托色尼就已经测算出地球的周长。他是怎么发现并解决这个地理问题的呢？让我们一起回到古希腊，重走发现之旅。

公元前240年，埃拉托色尼生活在古埃及的亚历山大市，任亚历山大博物馆的"一级教授"。当时的某本书中记载了一个神奇的现象，在一个叫Syene（今阿斯旺）的地方，有一口神奇的井，每年的夏至日正午阳光可以直直地射向井

图4－4 “龙江二号”卫星拍摄的地月合影

底，不留一点阴影。可同一天，在他自己工作的亚历山大博物馆的院落里，高耸的方尖碑（如图4－5）却有影子，有影子说明太阳不是从头顶照下来的。“为什么同一天两地的影子有差异呢？”埃拉托色尼陷入了沉思。

他想，如果地球如大家认为的那样是平的，那在所有地方阳光都从头顶照下来，不应该有影子出现（如图4－6），所以他坚定地认为地球不是平的，而是球形的。在他之后，直到1522年麦哲伦环球航行成功，才真正证明地球是球体。既然地球是球形的（如图4－7），那就应该有周长，他尝试着测算地球的周长。

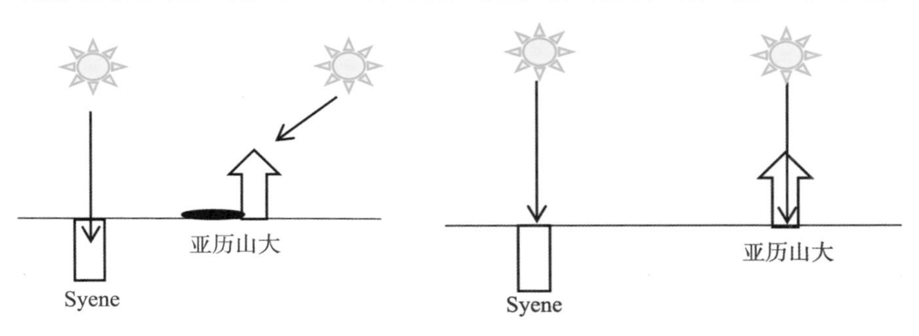

图4－5 现实中的太阳光

图4－6 地球是平的

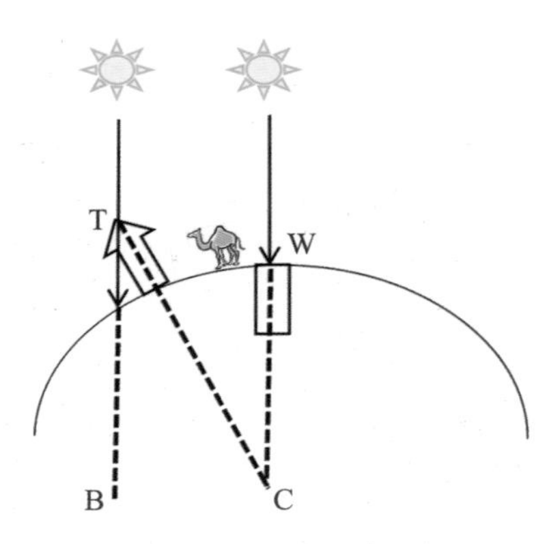

图4－7 地球是球形的

首先在Syene太阳光从头顶照下来，即太阳光（SW）和地面垂直，延长（WC）必过地心（C）。在亚历山大博物馆的方尖碑本身也垂直于地面，延伸（TC）后和太阳光（SC）相交于地心（C）；照到方尖碑的阳光（ST）虽然和垂直的光线（SW）平行，但不会过地心，而是和方尖碑有一个夹角（∠BTC），测出了该夹角∠BTC＝7.2°。

有了这些数据，埃拉托色尼就运用著名的泰利斯定理进行计算，即当一条斜线穿过两条平行线的时候，与两条平行线之间的夹角是相同的，而两束太阳光线（ST和SW）是平行的，所以∠TCW＝7.2°，弧TW的度数为7.2°，占地球总弧长360°的$\frac{1}{50}$。

下一步只要知道Syene和亚历山大两个城市之间的实际距离，就能轻松计算出地球周长。但在当时要精确测量两地之间的距离是极其困难的，有些城市之间的距离是靠骆驼商队行走两地所花的时间而估算出来的，可是骆驼走路的速度快慢不一。因此，埃拉托色尼雇用专业测量师，加以训练，使他们走路的步伐距离一致。专业测量师牵着单峰驼从亚历山大到Syene走了50天时间，每天的路程为100希腊里（古希腊距离计量单位），因此两个城市之间的距离约为5000希腊里（1希腊里约等于现在的175.5米）。通过一些方法，最终算出的地球周长为39375千米。今天我们知道地球的实际周长约为40076千米，说明埃拉托色尼算出的数值和实际数值非常接近。

但是这一正确的结论并没有被大多数人所接受，公元前1世纪，希腊地理学家和历史学家波西多尼斯不信任埃拉托色尼的结果，利用老人星（南天星座船底座中最亮的一颗星）在亚历山大和罗德岛两地地平线上的高度，计算出地球周长约为28968千米，这个数值远远小于地球的实际周长。但是这一错误的数值在当时被一些人相信，并酿成错误的历史事件。1492年前后的西班牙宫廷和哥伦布就利用这个结论，推断欧洲西部向西航行到东方的印度只有11265千米的航程。当哥伦布到达加勒比海附近时就认为自己已经到达东方的印度，直到他去世都不知道自己根本就没有到达印度。假如哥伦布当时知道埃拉托色尼给出的数据，也许他就不会起航了。

微重力下的科学实验

2016年9月15日22时04分，中国在酒泉卫星发射中心用“长征二号”运载火箭将“天宫二号”空间实验室发射升空。“天宫二号”空间实验室是我国首个空间实验室，主要由资源舱和实验舱两部分组成。资源舱的主要功能是为“天宫二号”空间实验室在太空飞行提供能源和动力。而实验舱则是航天员在太空生活的“家”，是航天员在天空中生活并进行科学实验的主要场所。

宇航员在太空中的生活及实验并不是那么简单轻松的，宇航员不仅要克服失重环境下一系列身体变化带来的问题，还要完成高精准的操作和各学科领域的科学实验。而失重环境会对我们的太空实验产生什么影响呢？

失重，是指物体在引力场中自由运动时有质量而不表现重量或重量较小的一种状态，又称零重力。在宇宙空间不存在绝对的失重状态，我们经常说的失重其实是微重力。微重力是指受到的重力作用很小，但仍然受到不同方向、不同大小的引力作用，如“天宫二号”就受到来自地球、月球、太阳的引力作用，其中来自地球的引力作用最强，所以卫星依然围绕地球运转，其受力由平抛运动的惯性力和地球引力的矢量合成。

图4－8 “天宫二号”

微重力下的宇航员

大家都知道在微重力环境下所有物体都会飘浮起来，人也没有了上下之分，可以轻而易举地在空中翻跟头。可是这些看起来有趣的现象却影响着宇航员的身体变化。前些年，美国国家航空航天局（简称NASA）有一对叫马克·凯利和斯科特·凯利的双胞胎宇航员开始了一项人类研究项目。斯科特·凯利在2015—2016年间在国际空间站待了341天，他的兄弟马克·凯利则留在了地球。研究人员将马克·凯利作为参照组，对比这对孪生兄弟的身体数据，研究微重力环境下对宇航员身体的影响。

最终实验结果发现，在太空的斯科特·凯利要比一直待在地球上的马克·凯利长高5.08厘米，而在斯科特·凯利回到地球一段时间后，他的身高恢复到了太空飞行以前。出现这一现象的原因在于，在太空微重力状态下脊柱被拉长了。这对我们探索宇宙有重要的研究意义，比如宇航员要登陆火星，预计在宇宙中飞行1000天，在这期间宇航员的身体将如何变化？马克·凯利和斯科特·凯利的实验为我们提供了研究支撑。

“天宫二号”实验室在2016年10月19日与“神舟十一号”飞船对接，随后我国航天员景海鹏、陈冬进入“天宫二号”，开展为期33天的太空生活（如图4－9）。宇航员陈冬在用“失重心血管研究实验装置”时，需要反复用探头来寻找器官的位置再开始监测。因为人在微重力环境下器官会发生偏移，比如陈冬发现我们脖子上的静脉血管和动脉血管一样粗，很容易错认为微重力下宇航员有“两条”动脉血管。

图4－9　微重力下的宇航员

伴随着“天宫二号”发射的农作物是生菜种子，因其生长周期为一个月，刚好和宇航员在轨驻留的周期一致。

图4－10　蛭石

在太空中种生菜可不像在地面那样，把种子放进土里，浇水、晒太阳这样简单，而是使用专门的种植仪器：植物栽培实验装置。这个实验装置使用3D打印机打印，非常轻便且容易组装。

在植物栽培实验装置边上有两个器件，一个用来测量“土壤”中的水分和养分，另一个用来测量植物的光合作用。然后，航天员将种子植入“土壤”中，这个“土壤”并不是我们地面上的土壤，而是蛭石（如图4－10）。

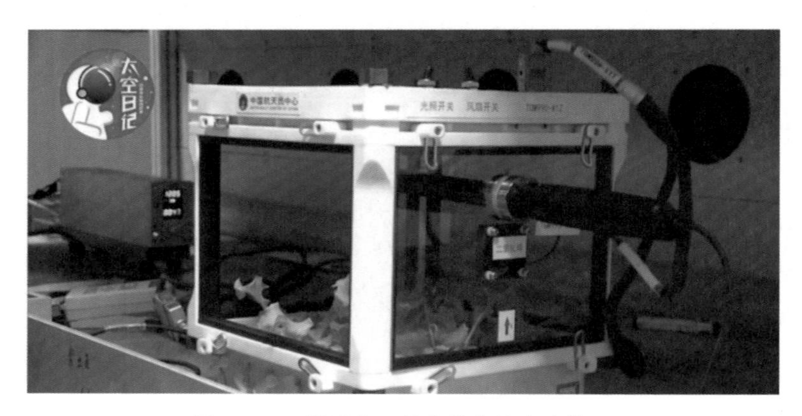

图4－11　微重力下的生菜栽培实验装置

蛭石是一种密度小、质量轻、吸水性特别好的矿物质，其水分传导也均匀。当宇航员把水分注入箱中，蛭石就会把水分均匀地运输到植物根部。与地面不同的是，宇航员要先浇水软化箱内的硬质材料，再进行播种。为了保持水分，浇水后，还要用保鲜膜覆盖。

生菜种子在四天后就发芽了。随后宇航员剔除长得相对差的菜苗，对保留下来的菜苗进行有序且有量的浇水，然后观察其生长过程并拍照记录。

我们发现，太空中位于植物栽培实验装置的生菜也是在向上生长(如图4－12)，而且长得比地面还要高一些。我们了解到植物的趋光性并不会在微重力环境下受到影响。返航时，宇航员会把生长好的生菜放在低温装置中带回地面，进行食用安全性检测、微生物检测、基因检测等。

图4－12　微重力下的生菜生长

铁塔上升起的蘑菇云

1964年10月16日15时，我国第一颗原子弹在新疆罗布泊的铁塔上成功试爆，成为世界上第五个拥有核武器的国家。我国的试爆和其他国家不一样，是在铁塔上试爆的，为什么要在铁塔上试爆？在这里如何选择生活区、指挥所、主控站和爆心？

生活区定在马兰。1959年6月13日，一支部队来到罗布泊。此地虽然渺无人烟，但生长着美丽的马兰花，在大漠中有马兰花就说明有地下水，可以建生活区，故取名“马兰”。中国马兰核试验基地，位于罗布泊的西端。

爆炸现场（爆心）和指挥部的位置是试爆的关键，爆心和指挥部的选择应尽可能靠近一点，既能直接观察，又不危害观察者的安全，但两者距离不得近于50千米，否则放射性的核尘埃将带来严重威胁。指挥部先确定在白云岗，一支侦察队发现了一个可以作为爆心的地方，但离指挥中心有90千米。为了测试能否在白云岗直接观察到，侦察队运了两汽车木材到指定位置，倒上汽油燃烧，然而，在指挥中心的人即使借助望远镜也看不见火苗。经过多次试验，最终在离指挥中心60千米的地方，确定了爆心的位置，即铁塔所建的地方。

原子弹在爆心如何爆炸？在一般人想象中，爆炸无非是两种方式：一种是用飞机投掷，另一种是放在地面上引爆。确实，美国和苏联的核试验都是这样进行的。但是，我国著名核物理学家程开甲和钱三强不同意这两个方案，认为我们应该走自己的路。不建议空投的理由有三个：一是第一次就用空投，飞机很难找准爆心，大量测试仪器和效应物就布置在爆心，若投不准，势必影响测试的准确性；二是投弹飞机能否安全返航，是个未知数；三是空投方式的保密性也存在问题。而在地面固定爆炸，最大的问题是，核爆炸发生后会掀起很多地面的泥土，产生大量烟尘，这些烟尘随风飘出去之后，会污染很大一片区域，这个问题难以解决。最终，研究人员采用塔爆方式，让原子弹在高塔上爆炸，尽量减少对地面的冲击，自然也就减少了烟尘。塔要建多高？程开甲经过充分计算得出铁塔理想的高度应是102.43米。

所以铁塔成为这次核试验的重要一环。那时，中国大地上还没有百米以上的高塔，国内最高的一座铁塔是广州的对外广播发射塔——90米高。罗布泊核爆心的百米铁塔，成为整个核试验场最大的工程，也是标志性的工程。1963年初秋时节，工程兵部队集中力量用混凝土浇筑铁塔的基座，钢筋混凝土基座已经初具规模，施工现场一派热火朝天的景象。一天，上级派来了一位技术人员检查施工质量，他来到冲洗石子的地方，很细心地把洗过的一块小石子放在嘴里，品尝后发现，咸味太大了。石子都是用孔雀河里的水冲洗的，大家喝的，也是这种咸水。技术人员提出赶紧停下来，认为铁塔基座要承受几百吨重的百米铁塔，要能抗击11级以上大风，如果用太咸的水会影响铁塔基座质量。于是技术人员决定不用孔雀河里的水，迅速组织人员，把几十台卡车的大厢板拆了，装上水罐，到200千米外的博斯腾湖去取淡水，冲洗沙石，搅拌水泥，浇筑合格的混凝土基座。

经过夜以继日的努力，在1964年夏天核武器的部件运到基地之前，当地已经竖起了铁塔。接下来参加核试验的人员反复练习徒手爬到塔顶，并将各种零部件搬到塔顶。

图4－13　铁塔
（图片来源于北京电视台一期《档案》节目——"罗布泊的蘑菇云，中国人的原子梦"的视频截图）

在新疆这么高的铁塔上进行核试验，还面临两大自然挑战，一是大风的威胁，二是温差太大。面对大风的威胁，专家们用一个模拟的原子弹专门在八级大风天进行演习。巨大的风暴袭击爆炸现场，猛烈地袭击铁塔，塔顶上的技术人员把整个暴风夜晚的各种仪器指数记录下来。特工队特别挑选出战士，带着食物和水，迎着八级大风爬上铁塔，送给塔顶受困人员。天刚刚亮的时候，演习和风暴都停止了，演习获得了成功。铁塔经得起大风的考验，参加演习的技术人员更经得起大风的考验。

塔顶爆室的温度要求非常严格：不管外界怎么变，室内温度都要保持在15℃至25℃之间。新疆日夜温差很大，在秋冬季夜晚室外温度则达到零下30多摄氏度，所以需要给塔顶爆室内的原子弹进行保温，为了保证试爆的成功，在试爆前，要关掉爆室内的热风机，所以要计算当外界温度下降时，多长时间室内温度会从25℃降到15℃，这个时间差用理论计算很难得到。为了得到准确的时间差，工作人员需要在室外温度最低的夜晚（一般零下30多摄氏度）关掉热风机，不停测量爆室内温度的变化。他们在塔底脱掉外衣，穿着裤衩背心爬上塔顶记录室内温度后又爬下来，躲到皮大衣里面御寒，一刻钟后再爬上去。这样每隔一刻钟测一次温度，把每天晚上的温度变化曲线画出来，上上下下，忽热忽冷，一直坚持了半个月，绘制出不同温度条件下爆室内温度的变化过程曲线，为成功试爆提供了关键支持。

铁塔建成了，对各种不利自然条件也有了充分的准备和预案。1964年10月16日凌晨，随着卷扬机将原子弹运到塔顶的爆室内，试爆前一切准备就绪，在半径8千米的范围内，布放着各种各样的效应物，大到火车、高楼、桥梁、坦克、飞机、舰艇，小到种子和药片，兔子、狗、猴子、羊、驴等动物，几乎每一件与我们日常生活密切相关的物品都能见到。

主控站离爆心17千米远，试爆按钮前的技术人员已做好准备；在离爆心60千米的白云岗观察所，张爱萍、刘西尧等领导和众多科学家，以及几千名参试人员，或蹲或站，在壕沟里静静地期待着，等待最后时刻的来临。15时，当技术人员按下试爆按钮，一道强烈的闪光划过茫茫戈壁，随着一声惊天动地的巨响，火球腾空而起，形成巨大的蘑菇状烟云，铁塔瞬间变成面条状（如图4－15）。中国成为继美国、苏联、英国、法国之后世界第五个独立掌握核技术的国家。

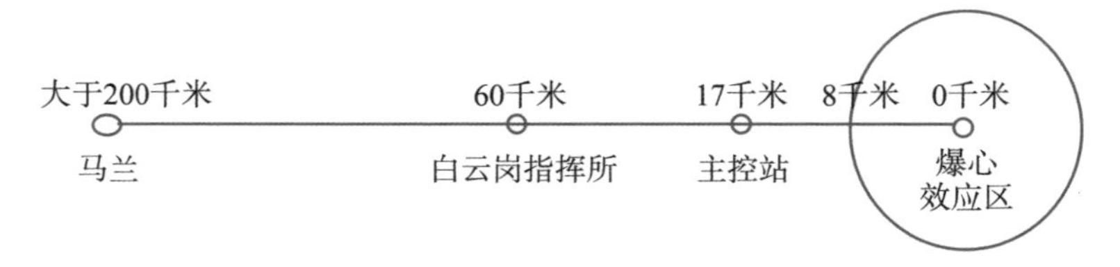

图4－14　核试验各功能区分布示意图

图4－15　试爆后的铁塔

（图片来源于北京电视台一期《档案》节目——“罗布泊的蘑菇云，中国人的原子梦”的视频截图，纪念碑上的文字为“中国首次核试验爆心”）

树木年轮记录气候

图4－16　树木年轮俯视图

我国是世界上最早记录气象数据的国家，也是世界气象组织最早的创始国和签字国之一。早在2000多年前，《山海经》中就开始有气象数据的记载，记录了与农业息息相关的气象数据，但数量很少。随着时间的推移，人们发现气候不仅与农业息息相关，还影响着社会的进步与发展，于是逐渐认识到气候记录的重要性。我国在20世纪50年代开始逐步建设气象站点，观测气象数据，服务社会进步与发展。但我国气象观测时间短，且气象站点较少，难以获得长期气候变化的信息，不能满足气象研究的需要，这就迫切要求我们另寻出路，获得更长时间的气象数据记录。那么，我们是如何推测历史时期的气候变化的呢？

科学家通过各种地质记录，如冰芯、黄土、湖芯、珊瑚、石笋等，能够推测地质历史时期的气候与环境变化，这些记录在提供长时间的气候与环境变迁信息方面发挥了重要作用。但其缺点也较为明显，在短时间的气候变化研究中，存在着时间分辨率较低的缺陷。

科学家为了获得更为准确、时间分辨率更高的气象数据，对气候数据的“记录员”——树木年轮（以下简称树轮）进行了深入研究，获得了数百年和数千年的气候数据。科学家是如何通过树轮获得气候数据的呢？

众所周知，树木的生长与其周边的自然环境息息相关，如土壤、水分、光照、风、病虫害、地震、滑坡等因素都会影响其生长，尤其气候对树木生长的影响最大。树木在生长时，每年生长定型的树轮宽度形状不会改变。换句话说，今年的气候是不会改变去年已经形成的树轮的。树轮的生长与当地环境密切相关，只要我们能够揭示树轮的秘密，它就会向我们诉说从它萌芽开始周围环境所发生的变化。

在利用树轮资料分析气候变化与环境变化的研究中，最常用的是树轮宽度变化，不仅因为树轮宽度变化的获取比较容易、准确，更重要的是它能够直接反映气候因子的变化情况。树木在生长过程中，每一年树轮的形成都受到许多气候因子（主要是温度和降水）的综合影响，这种影响在树木生长和年轮结构中是很重要的。一般来说，树轮宽度大，说明水热条件好；树轮宽度小，说明水热条件差。气候变化对树轮的影响是复杂的，受树木种类、年龄、当地环境等因素的影响，在长时间树轮序列长度的基础上，对各个因子进行详细研究，方能找到影响树轮宽度变化的主导因子并发现规律。

用生长锥（一种很细的空心钻）螺旋钻进树木中，可以获得条状树芯。这种取样方法可以不用砍伐树木，且基本不影响树木的后期生长。树的存活关键在于树皮，若树皮被环状破坏，则树木存活概率将大大减低。一般一个采样点采集20棵树以上，每棵树打两根样芯，然后用生长锥自带的取样勺把钻取的树芯完整地取出来。

研究人员将采集到的样芯装入吸管中保存并编号，带回实验室，用白乳胶固定在特制木槽中，用不同号数的砂纸细致打磨，直至表面光滑、树轮清晰可见。放在显微镜下进行初步目视定年，数出树轮圈的个数，有多少圈则表示这棵树生长了多少年。为了确认数出来的树木年龄是准确的，研究人员还需要将树芯放在仪器（一般使用树木年轮仪）上用仪器数，再用软件识别得到的数据是否存在异常（如COFECHA程序），根据程序运行结果，剔除异样的样芯，最终建立树轮宽度年表。

图4－17　生长锥

1. 样芯装入吸管

2. 固定

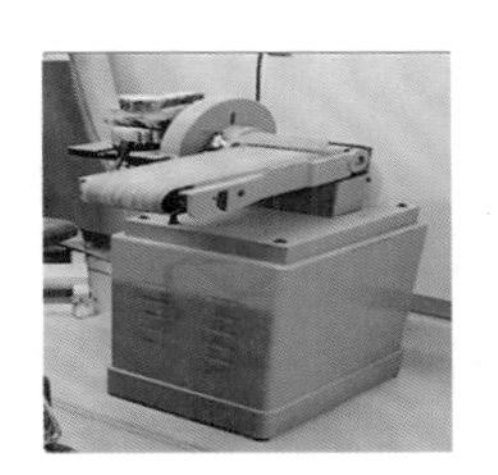

3. 打磨

4. 清晰可见

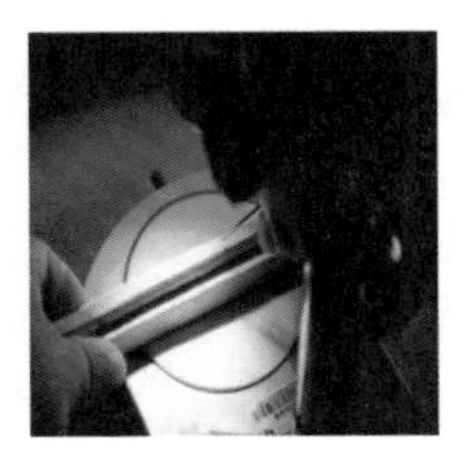

5. 目视定年

图4－18　树轮打磨流程

通过对树轮宽度年表与气候因子进行相关分析，以筛选出影响树木生长的主要气候因子，建立树轮宽度与气候因子的方程，就能基于树轮资料重建历史气候变化。图4－19为玉龙雪山森林分布上限长苞冷杉树轮宽度年表。

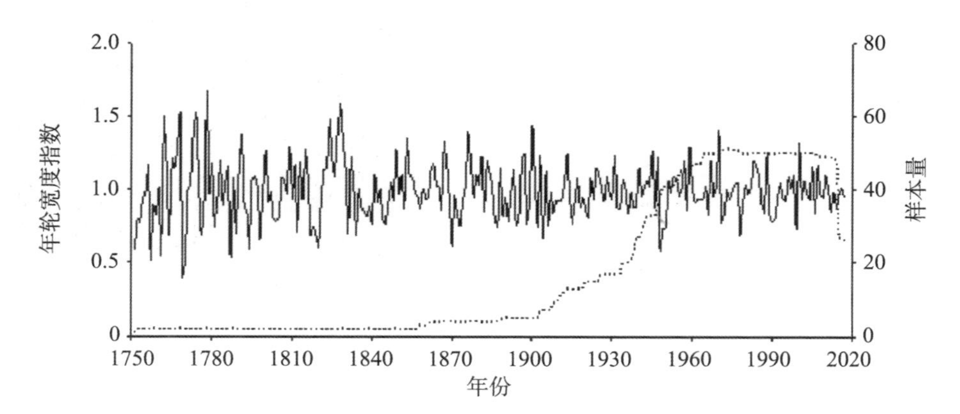

图4-19　玉龙雪山森林分布上限长苞冷杉树轮宽度年表

注释：图中黑色实线为年轮宽度指数，虚线为样本数量。

来源：张卫国，肖德荣，田昆，等. 玉龙雪山3个针叶树种在海拔上限的径向生长及气候响应[J]. 生态学报，2017，37(11)：3796-3804.

假设获得一个地点的树轮资料，通过去除树木生长的自然趋势，去除树木自身遗传因子和其他非气候影响的因素，建立了树轮宽度年表。再给每个树芯得到的数据命名：x_1，x_2，x_3……然后得到当地某几年的气温和降水数据。通过将树轮宽度与气温和降水进行比较，如果树轮宽度与温度因素相关性较好，则说明该地区此树种主要受温度的影响，即温度是影响该地区树木生长的气候因素；若与降水因子相关性较好，则说明该地区此树种受降水的影响较大，即降水是影响该地区树木生长的主要气候因素。

研究人员通过比较树轮宽度与现有气候数据的变化关系，推测出了历史时期无气候数据记载时的气候变化。研究人员通过建立树轮宽度序列与气候因子之间的方程：$y=kx+b$（其中，y为气候因子，x为树轮宽度序列），重建历史气候变化资料。并经过一系列检验，确定重建结果的可靠性。假设树轮有效资料达到100年，那么重建的历史气候资料就能够达到100年。

其实，重建历史时期气候的实验方法有很多种，包括河流径流量变化、极端水文事件、冰川进退、湖泊水位变化、森林演替和更新、林木生长量和植被覆盖变化、二氧化碳浓度、环境污染、低温年、火山喷发、地震、森林火灾、病虫害、太阳活动、陨石撞击等，而树轮是最直观、最简单的实验方法。

谁给珠峰量身高

量身高，只要具备简单常识的人都会。不就是用米尺、卷尺等测量工具从脚底量到头顶吗？但是我们要量世界最高峰——珠穆朗玛峰（以下简称珠峰）的“身高”，恐怕就没有那么简单了，去哪里找那么长的尺子呢？作为世界最高山峰，测量珠峰的高度，在世界地质领域都有着非常重要的价值，几百年来珠峰一直都是各国在高度测量领域的“比武场”。

我们要给珠峰量身高，实则就是测其海拔。海拔是指某点距离海平面的垂直高度。而世界上各处的海平面又存在一定的高度差，到底以哪处海平面作为测量珠峰的“脚底”呢？中国规定采用青岛验潮站求得的1956年黄海平均海水面为全国统一的“脚底”，即称为高程基准面，凡由该基准面起算的高程，统称为“1956年黄海高程系统”。简单地说，我国规定以黄海（青岛）的多年平均海平面作为海拔为0米的地方。

明确“脚底”的位置了，就要确定“头顶”的位置。珠峰是喜马拉雅山脉的主峰，位于中国与尼泊尔边境线上，它的北部在中国西藏定日县境内（西坡在定日县扎西宗乡，东坡在定日县曲当乡），南部在尼泊尔境内，而顶峰位于中国境内。

1975年，我国国测一大队同军方测绘和登山队员一起肩负起测绘珠峰高度的重托。测出珠峰的高度是8848.13米。8848.13米，这是珠峰首次被国人测量出来的数据。

30年后的2005年，我国决定重新测珠峰高度，珠峰处在板块活跃地带，测

图4－20　珠峰的位置

量其海拔，具有很高的科学价值。测量分为两个阶段。第一阶段是将黄海海平面的海拔“引”到珠峰半山坡5600米处。这里主要用的是水准测量法，所谓水准测量法是指从最初的基准点——青岛海拔基准面开始，每35米设立一个标杆，用水准测量仪计算两边标杆尺度的变化，在水平视线内测出两根标尺之间的高差，然后通过这种在两个相距70米标杆间设立水准仪的测量方法一站一站地将高差累加起来，直到珠峰5600米处。“这种方法能够把误差控制在每千米0.5毫米以内，是目前世界上最精确的方法。”好在拉孜县的海拔早在1997年就已经测定，从拉孜（位于西藏自治区西南部，为此次测量起点）到海拔5600米都要使用水准测量法测量高度（如图4－21）。进而确定六个联测点的海拔，作为新的起算基准点。

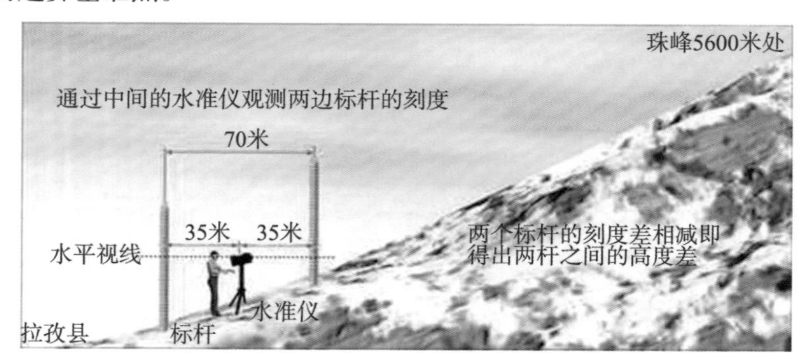

图4－21　水准测量法示意图

第二阶段是到海拔5600米后，在采用1975年经典大地测量技术——三角高程测量的同时，还使用了GPS和激光测距的手段。可以说是用“双保险”来保证这次测高结果的权威性。

图4－22　觇标

在2005年的珠峰测量中，一共在珠峰脚下布了6个观测点，观测队员进行六点联测。这种多角度测量是测量精度的可靠保证。测量人员在观测点通过观测登山队员立在珠峰顶上的觇标，通过计算最终得出珠峰山体的高度。所以觇标尤其关键，1975年我国第一次用觇标测珠峰高度，2005年的觇标在上次基础上有了很大改进。

图4－23　六点联测示意图

一个小小的觇标经过多次实验设计而成，重4.6千克。觇标越轻越好，立得越久越好。为了便于组装操作，觇标设计中采用了卡口结构。为了保证队员安装方便，要求工人戴着棉手套反复体验组装过程，保证达到设计要求。

觇标的设计寿命要求不少于3年。除了三根硬支架以及三根牵力达250千克的重力绳以外，还通过钻头深入峰顶冰层下0.73米。同时在功能上进行了创新，增加了6块反射棱镜，测量人员通过它们对6个点既能进行角度测量又能进行距离测量，如图4－24，α的角度和AB的长度都可以通过觇标上的反射棱镜用激光准确测量，然后通过解直角三角形得出BC的相对距离，再用C点已经测得的海拔加上BC的高度得出山顶B的海拔。

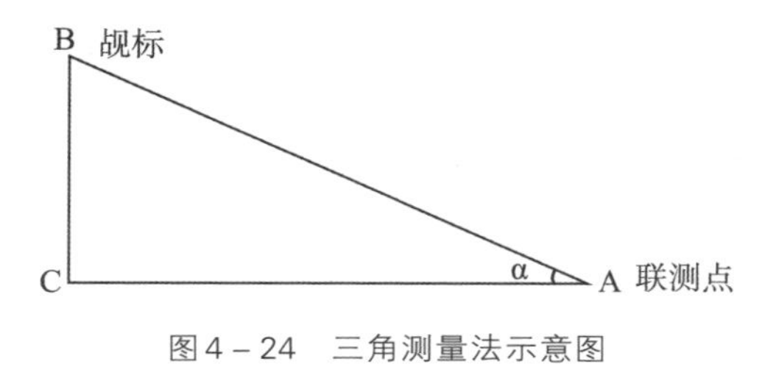

图4－24　三角测量法示意图

珠峰峰顶冰雪厚度的测量一直是一个难题。1975年测量时用一根直径四五厘米的木头杆子用力插进雪层，直到插不动为止，测得杆子插进雪层的深度为92厘米。2005年的珠峰测量还首次动用了冰雪深雷达，测得冰雪厚度为3.5米。这能帮助测量人员搞清珠峰顶部冰雪层与岩石层之间的关系，也更加准确地掌握珠峰峰顶岩石层的高度。这个高度将不会随着冰雪层的变化而变化。

除此之外，2005年测量人员还在离珠峰峰顶不远的一块裸露岩石上，安装了一个永久性的GPS测量标志，提高了测量准确度，也为今后研究珠峰高程的变化提供了参照。

也许有人说，今天我们用手机等GPS终端设备就可以轻易测出任何一个地方的海拔，为什么还要费这么大的劲呢！不管是新型的GPS还是传统的水准测量法都存在着误差，加上珠峰地区地质构造极为复杂，珠峰山体的重力线并不是一条直线，这使得测得的数据需要经过后期计算和修复。2005年10月9日10时，在国务院新闻办公室举行的新闻发布会上，国家测绘局正式公布了2005

年珠穆朗玛峰高程测量获得的珠穆朗玛峰峰顶岩石面海拔高程为8844.43米。

图4－25　珠峰高度示意图

研法各异，冷暖同归

想知道今天的温度是多少？我们可以打开手机，随便一个网站或者手机软件都可以查询到你所在地某一时段的具体温度。其实这样方便地获得即时温度的历史并不长。伽利略·伽利雷在1597年发明了人类历史上第一个温度计，可以简单地测量大气温度，真正用仪器测量温度一直到19世纪才变得普遍。20世纪卫星发明后，获知瞬时温度变得更加容易，今天我们查询到的瞬时温度大多数是气象卫星获取的数据。那在温度计和卫星发明之前，我们如何知道地球的冷暖？这既有地球科学本身的实验研究，也有人类社会自身的社会学记录。

20世纪初期，奥地利的汉恩教授提出：人类历史上，世界气候并无变动。我国伟大的气象学家竺可桢对这一论断产生了深深的怀疑，他尝试从物候现象去找答案。所谓物候现象是指自然界鸟鸣虫飞、草木荣枯等自然现象，它是动植物生长发育以及活动规律对节候的反映。中国是四大文明古国之一，史料记载了非常全面和翔实的人类社会档案，可以通过物候现象来研究历史上气候的变化。

竺可桢老家在浙江绍兴，出自对家乡一片竹林特殊的记忆，他认识到气候是在变化的。竺可桢记得家乡竹林里的竹笋生长受气候变化的影响非常明显，如果当年冬季比较冷，笋和母竹的关系是"娘抱崽"，即笋会生长在母竹的中间（如图4－26左）；如果当年冬季比较温暖，笋和母竹的关系是"崽抱娘"，即笋会生长在母竹的外围（如图4－26右）。竹子为适应温度所发生的变化，正是典型的物候现象对气候的反映。

图4－26　不同温度下笋和母竹的关系

国学功底深厚的竺可桢，努力从中国历史文献中找寻气候变化的蛛丝马迹。1937年七七事变后，时任浙江大学校长的竺可桢带领全体师生开始西迁，和他们一起西迁的还有文澜阁本《四库全书》。竺可桢从《四库全书》的《吕氏春秋》中发现了一种动物——亚洲象，当时记录的生存地域和今天有很大的差异。大约5万年前，亚洲象就生活在燕山附近，随着气候变冷，喜欢温暖湿润气候的亚洲象慢慢南迁到中原一带。河南简称"豫"，《说文解字》将其解释为"象之大者”；从甲骨文的角度解释，则是一手牵大象（如图4－27）；从字面上拆开解释就是一矛一象。这说明以前河南等地存在着大象的足迹。今天亚洲象主要生活在温暖的云南边境。这说明早期燕山及中原一带比现在温暖。

图4－27　人牵大象

如果说动物的迁徙可能受到人类捕杀影响的话，植物没有长腿，它的迁徙更加能够反映气候的变化。竺可桢在《四库全书》中发现一些植物的分布也不断地发生位移。他在读《诗经》时，发现《国风·秦风·终南》中写道：“终南何有？有条有梅。”这句诗明确指出，在很久以前位于西安附近的终南山有梅树的生长，而今天只有在江南才能够看到。这说明随着气候变冷，梅树逐渐在北方消失了。

通过对《四库全书》等历史资料的研读，竺可桢发现了数不胜数的物候记录，也了解了大时间尺度下中国历史气候的变化。在其论文《中国近五千年来气候变迁的初步研究》中，主要的精华集中在近5000年来中国气温距平变化图（如图4－28）中。该图看起来是一幅很普通的平面坐标图，其实它的纵坐标和横坐标都有很大的创新。首先是纵坐标代表气温变化，以0℃作为当年（1966年前后）冬季全国平均气温水平，大于0℃代表历史比现在温暖，小于0℃代表历史比现在寒冷。其次是横坐标代表时间，由于各时期可供查证的史料信息记载不平均，给科学均衡地划分横坐标带来一定难度。竺可桢仔细研究后，创造性地将横坐标划分为四个部分，分别是考古（约公元前3000—1100年）、物候（公元前1100—1400年）、方志（1400—1900年）和仪器（1900年至今）时期。竺可桢发现考古和物候时期留下的文字资料相对较少，可供参考的有效信息也很少，为保证最终大体数据和曲线运行的准确，竺可桢将这两个年代的间隔拉大，在坐标上按比例缩小。到了方志和仪器时期，历史资料记载得非常丰富，可供参考的内容随之增多，竺可桢便将它们的年代间隔缩小，在坐标上按比例放大，最终呈现出一条创新型的气候冷暖变化曲线图。

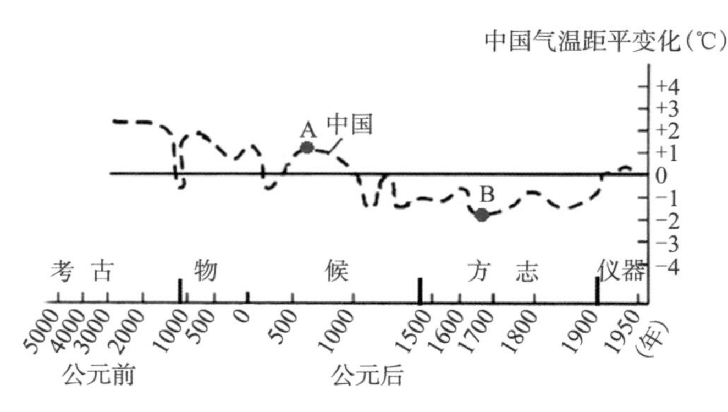

图 4－28　近 5000 年来中国气温距平变化图

表面看这些发现没有什么惊人之处，1—2℃的温度波动放在短期天气变化中实在是微乎其微，然而，只要把它置于人类历史长河与若干影响历史进程的重大事件中进行叠加对照，我们就能体会到气候变化深远地影响着人类的生活。在这条看似简单的曲线背后，包含着中国大地几千年来的气候变化规律与朝代兴亡更替。A 点是曲线较高点，对应的唐朝时期气候比较温暖湿润，正好是唐朝的贞观之治和开元盛世时期。这既有君王开明和雄才大略，也有气候所提供的前提条件。B 点是曲线较低点，对应的是明朝末期的寒冷小冰期，在低温的影响下，农业歉收，民不聊生，加上统治阶级的腐败，最终导致内乱不断，国力日渐衰弱。简洁明了的一幅曲线图浓缩了近 5000 年来中华大地上的冷暖变化图景。

今天古气候研究的技术手段日新月异，早非 40 多年前可比，格陵兰岛冰芯取样就是其中之一。在积雪终年不化的岛上，科学家把不同深度的冰样取出，利用 ^{14}C 每隔 5730 年（^{14}C 的半衰期）减少原含量的一半的原理，测定其年代，他们发现不同深度的冰芯中 ^{18}O 和 ^{16}O 同位素比例不一样。原来当气温较低时，大量的水富集到两极形成冰川，较轻的 ^{16}O 跑到两极地区存在于冰川中的较多；而含有 ^{18}O 的水较重，跑到陆地上较少。温暖时期刚好相反。用这种方法，科学家们测出了当地近2000年来的气温变化，并制成了一幅曲线图（人们称之为“格陵兰曲线”），巧合的是，当人们把“竺可桢曲线”与“格陵兰曲线”放到一起时，发现这两条曲线近乎一致（如图4－29）。八九世纪，中国正值唐朝温暖期，此时格陵兰岛冰芯中 ^{18}O 含量偏高，说明温度也较高。

尽管方法不同，地域也相隔万里，两条曲线在一些微小的点上也有差异，但曲线的波动走向是一致的，反映出的冷暖变化趋势是一致的。这是自然科学本身与人类社会学的高度融合，更是科学研究方法新的开创。

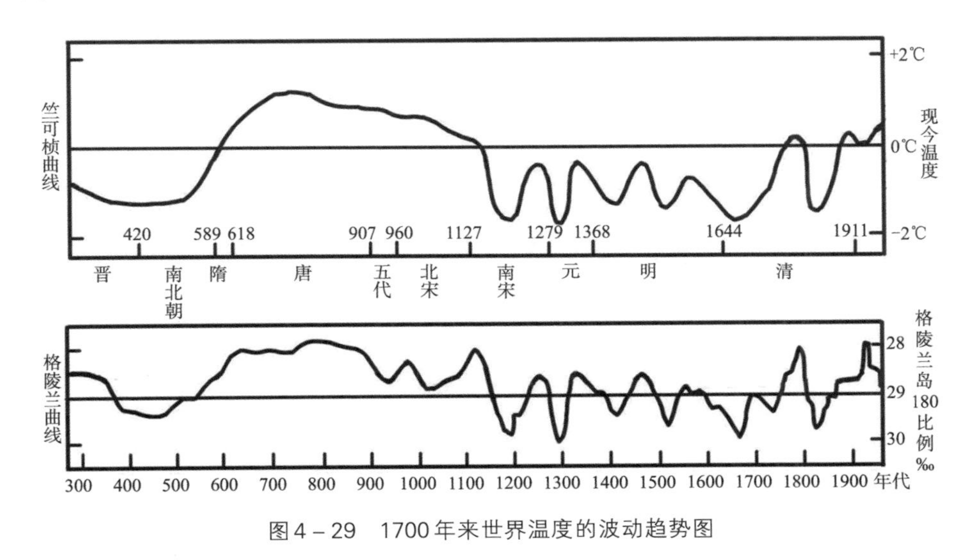

图4－29　1700年来世界温度的波动趋势图

“坏小子”地震波

地震发生的时候，会给人类带来巨大的灾难。但地震在给人们带来灾难的同时也为我们认识地球内部结构提供了信息。因为地震发生时的能量是通过地震波来传递的。地震波有两种：一种是纵波，其振动方向和波的传播方向是水平的，就像来回伸缩的手风琴的风箱一样，它的速度最快，也最早抵达；另一种是横波，其振动的方向和波的传播方向是垂直的，就像抖动起来的一条绳子上的波，一边前进一边横着振动，它的速度慢于纵波。纵波能在固体和液体中传递，横波只能在固体中传播。

地震波也像光波一样在从一种物质进入另一种物质时会发生折射或反射。当地震发生时，地震波不仅传向地表，同时还长驱直入，向地心"进军"，在这个过程中，每遇到一层不同性质的东西就会有一部分地震波反射回来，通过接收反射回来的地震波，科学家们就会计算出地震波在地下不同深度的传播速度，以及不同深度的东西对地震波的反射情况。由此就可以知道地下深处的情况了。

莫霍洛维奇是克罗地亚萨格勒布气象台台长，从事气象学的观测和研究工作。受1880年萨格勒布大地震影响，为了减少地震对人类的威胁，他转而攻读地震学，先后在其工作的气象站内安置了两台地震仪。这个诞生于气象站内的地震台站成为"中欧地区最先进的地震观测站之一"。1909年10月8日，一次"里程碑"式的地震来了，这次地震震中距离萨格勒布仅30千米，对该地区造成了相当大的破坏。当时的欧洲已经建立了相当多的台站，而且不同台站间会交换地震记录。地震发生后，莫霍洛维奇就写信向欧洲各地的地震台收集资料。最终，他收到了41份地震波记录，并对其中的36份进行了研究，他发现了一个有趣的现象，有些距离震中远的地方地震波却先到达。

地震波是一种机械波，如果它的速度恒定，那么离地震震中越远，接收到地震波的时间越晚。但在莫霍洛维奇收集到的资料中，距离震中200千米以外的一些地方接收到地震波的时间比200千米以内的要早。这说明在地球内部的某些地方，地震波速度是要快一些的（如图4－30）。

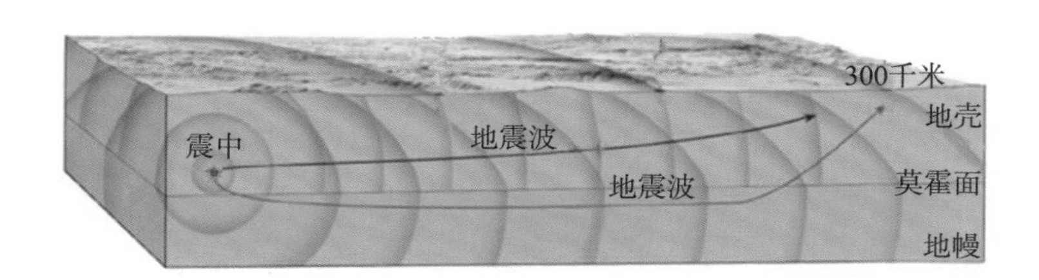

图4－30　地震波在不同物质中的传播

莫霍洛维奇经过深思熟虑后，得出结论：这是地震波走了“捷径”的缘故，在厚厚的地壳下，有着另一层密度更大的物质，它就是我们现在所说的地幔，所以地震波传播得更快。而地壳密度较小，地震波的传播速度较慢。为了纪念莫霍洛维奇，人们把地壳和地幔的分界面叫作莫霍面。

莫霍面使人类对地球内部结构的认识深入地下33千米处。1914年，美国学者古登堡发现地下2900千米处存在地震波速的间断面，纵波可以穿透，但传播速度明显变慢了，横波则突然消失了。古登堡想，只有液体才能阻止横波的通行，因此地球的内部可能是液体。并且在该不连续面上地震波出现极明显的反射、折射现象，他深思这个深度到底是多少。由于横波的速度我们是知道的，根据其来回所耗用的时间，他就得到2885千米深这个数据，在这个深度应该有一个液态的面，那里的物质呈熔融状。

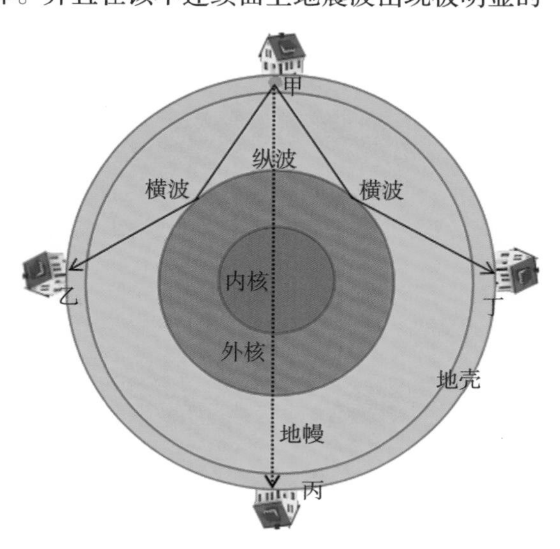

图4－31　横波被反射

为了纪念古登堡对地球科学的贡献，人们就把这个界面叫作古登堡面。

至此人们通过地震波的研

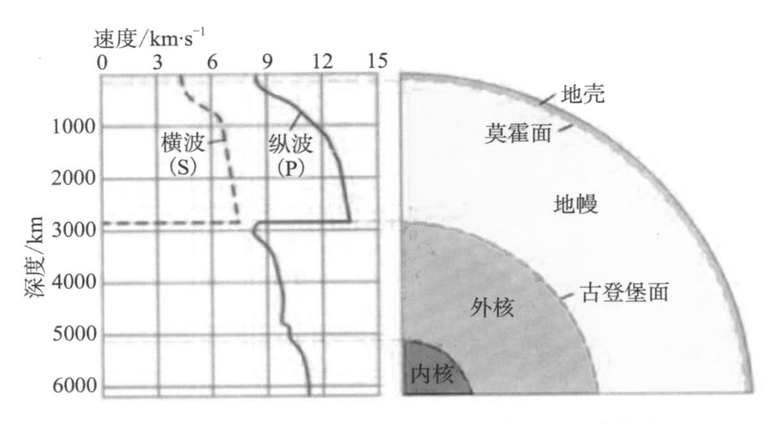

图4－32　地震波的传播速度与地球内部圈层的划分

究，明白了地球内部结构是由地壳、地幔、地核三部分构成的。

通过地震波研究地球内部结构的过程类似于人们挑西瓜的过程。有经验的人用手拍拍、耳朵听听就能够判断西瓜是不是熟了。地震给地球敲一榔头，我们就能听听地球内部的结构是怎样的，这一榔头怎么敲却是一门大学问。天然的地震可控性不强，存在着诸多检测难度，因此人们想到了人造地震波。从1995年开始，我国地球物理学家陈颙院士带领团队提出“地下明灯计划”，采用人造地震源来探究地球内部结构，先后尝试了电火花、化学爆破、重载列车、电落锤、人工震源车等多种震源实验。很长一段时间内，陆上采用化学爆破的方法来产生地震波，这种方法简单、易行。在地震勘探工作中，一般将炸药下放到8至10米的浅井中，雷管引爆后产生的地震波向四周传播，然后由地面上的检波器接收地下反射回来的地震波（如图4－33）。但是这

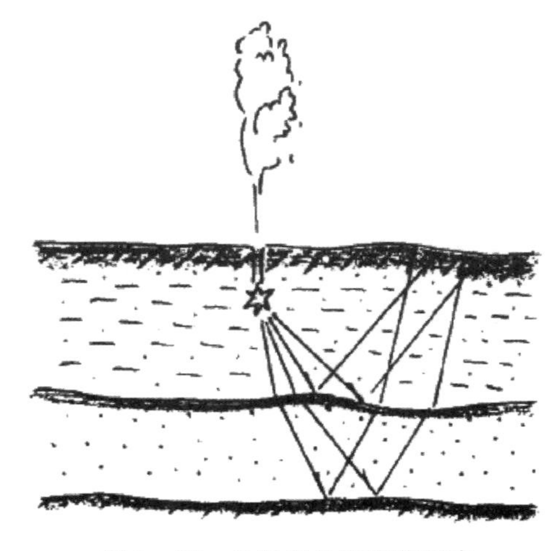
图4－33　化学爆炸制造地震波

种方法存在许多缺点，例如：钻炮眼和使用炸药费用较高；在工业区、人口稠密区和海上渔业区使用炸药不安全，而且对环境会造成很大污染；在地下条件复杂的情况下，更无法控制炸药产生的弹性波频率；炸药和雷管的保管和使用都存在一定危险性；释放出的地震波不可控；等等。

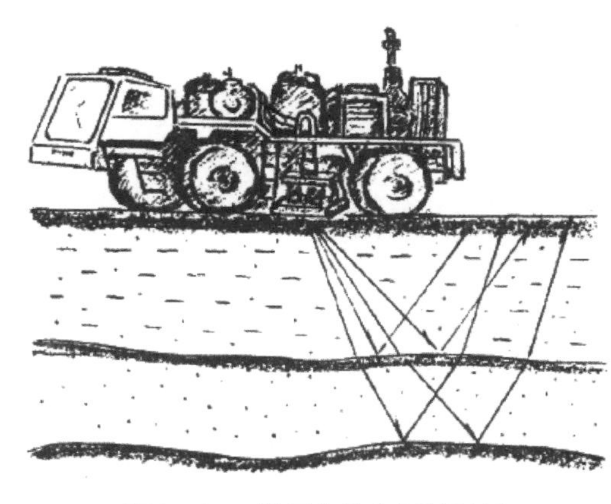
图 4－34　地震车造出“地震波”

于是人们又进行可控的震源实验研究。用地震车造出“地震波”（如图4－34）。地震车看起来就像拖拉机。车身长约4米，前后各有两个直径1米的车轮。在车轮中部4个液压轴连接到位于车身下部的“地震锤”，车身的后端还有一个1.5米高的驾驶室。4个液压轴通过上下伸缩把“地震锤”提起然后砸向地面，强大的力量冲击地下的岩层，一次人工地震就形成了。

由于“地震锤”所产生的能量会随着传播深度的增加逐渐减少，所以在监测断层的过程中，每隔一段距离地震车都要“砸”出一次“地震”，只有这样才能保证人工地震现场的检波器能够准确监测到地下岩层的最佳反应。

由于这种装置体积大且太重，无法在海上使用，陈颙院士提出通过气枪震源人工制造地震，在世界上首次提出了可主动发出地震信号的地震信号发射台的概念。气枪震源具有信号重复率高、环保、低成本、安全高效等优点。项目团队解决了大量理论和技术问题，2011年，他们在云南宾川建成了世界上第一个陆地固定式气枪地震信号发射台。随后把气枪震源系统从陆地应用到海洋水体再到陆地水体，取得了巨大的成功。

根据陈颙院士及其团队的测算，如果在我国建立10个固定的气枪发射台，每个台的监测距离能达到1000千米的话，就能够覆盖整个中国大陆，“地下明灯计划”将会取得巨大的突破。这不仅可以探测地球内部结构、开展地球内部活动断裂调查,还在对城市地下空间的合理利用、城市地震安全性评价、城市地下三维地质图编制、矿山中矿脉追踪等领域有广泛的应用前景。

漂移的大地

我们生活在活动的七巧板上,你信吗？我们脚下踩着的大地,看起来是那么稳定。即使1620年英国哲学家培根曾经想过大地在漂移,也只是想想而已。而这一切在20世纪初被一个叫魏格纳的人打破。

魏格纳是德国著名的气象学家,非常热爱探险,早期报名加入丹麦的一个探险队到格陵兰岛探险考察时,他发现格陵兰岛竟然保留有古珊瑚礁和热带植物化石,他觉得非常奇怪,热带生物化石怎么会在这么冷的地方出现呢？他大胆假设,这很可能是由于我们生存的大地在漂移。

1910年,魏格纳因病躺在医院的病床上,百无聊赖中,他的目光落在墙上的一幅世界地图上,他意外地发现,大西洋两岸的轮廓竟是如此相对应,特别是巴西东端的直角凸出部分,与非洲西岸凹入大陆的几内亚湾非常吻合(如图4-35)。自此往南,巴西海岸每一个突出部分,恰好对应非洲西岸同样形状的海湾;相反,巴西海岸每一个海湾,在非洲西岸就有一个凸出部分与之对应。这难道是巧合？他非常震惊,立即把地图取下来,沿着大陆海岸线剪成一块一块,然后单独拿出非洲和美洲两块,拼合在一起,贴在窗户上,窗外的阳光透过纸片在房间里形成了一个完整的阴影,几乎看不出有什么裂痕。这位青年气象学家坚信:非洲大陆与南美洲大陆曾经贴合在一起,也就是说,从前它们之间没有大西洋,后来大陆分裂、漂移,才形成如今的海陆分布情况。

1912年,魏格纳再次到格陵兰岛探险,冰原上巨大的浮冰让探险队行走十分困难，稍不留神就会丧命。突然，远处传来一声巨响，一块巨大的冰盖开裂了，冰盖缓缓滑下冰山，最下面的冰块边缘没入水中挤压着原来浮在水面上的浮冰，“哗——哗——”的水波开始振荡，逼迫原来的冰块向远处水平移动。过了很长时间，断裂的冰盖完全浮在水面上了。魏格纳静静地看着这块浮冰，已经没有了刚才的万马奔腾之势，安静地躺在水面上，偶尔和周围的浮冰磕磕碰碰，会有一定的左右移动。他脑海里有了一丝灵感，这不正是大陆水平移动最好的实验演示吗？

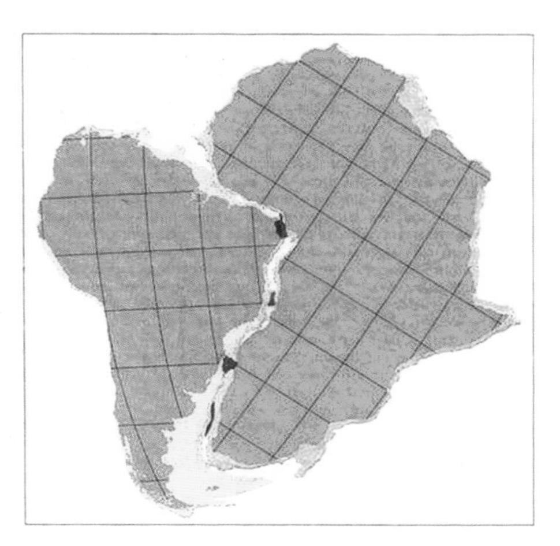
图4－35　南美大陆和非洲大陆相吻合

从格陵兰岛回来后，魏格纳开始搜集资料，继续验证自己的设想。他首先追踪了大西洋两岸的山系和地层，结果令人振奋。北美洲纽芬兰一带的褶皱山系与欧洲北部斯堪的纳维亚半岛的褶皱山系遥相呼应，暗示了北美洲与欧洲以前曾经“亲密接触”；美国阿巴拉契亚山的褶皱带，其东北端没入大西洋，延至对岸，在英国西部和中欧一带又出现；非洲西部的古老岩石分布区（约20亿年前形成）可以与巴西的古老岩石区相衔接，而且二者之间的岩石结构、构造也彼此吻合；与非洲南端的开普勒山脉的地层相对应的，是南美的阿根廷首都布宜诺斯艾利斯附近的山脉中的岩石。

沉浸在喜悦中的魏格纳又进一步考察了岩石中的生物化石。在他之前，古生物学家就已发现，在目前远隔重洋的一些大陆之间，古生物面貌有着密切的亲缘关系，大西洋两岸的非洲和南美洲的很多动物有亲缘关系。比如两岸都有鸵鸟化石存在，而鸵鸟不会飞，更不会游泳，所以无法跨越大西洋（如图4－36）。

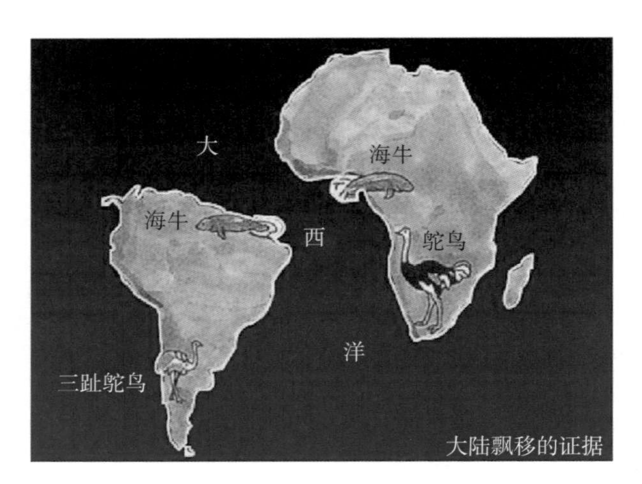

图 4 – 36　大陆漂移学说的生物学依据

他还发现了一种更有趣的生物化石——园庭蜗牛，既分布于德国和英国等地，也分布于大西洋对岸的北美洲。蜗牛素以步履缓慢著称，居然有本事跨过大西洋的千重波澜？当时没有人类发明的飞机和舰艇，甚至连鸟类都还没有在地球上出现，蜗牛是怎么过去的？

证据似乎已经很充分。在严谨的科学研究基础上，魏格纳的代表作《海陆的起源》于1915年问世。在这本书里，魏格纳阐述了古代大陆原来是联合在一起，而后由于大陆漂移而分开，分开的大陆之间出现了海洋的观点。魏格纳认为，大陆由较轻的含硅铝质的岩石如玄武岩组成，它们像一座座块状冰山一样，漂浮在较重的含硅镁质的岩石如花岗岩之上（海洋底就是由硅镁质组成的），并在其上发生漂移。在二叠纪时，全球只有一个巨大的陆地，他称之为泛大陆（或联合古陆）。泛大陆逐步分裂成几块小一点的陆地，四散漂移，有的陆地又重新拼合，最后形成了今天的海陆格局。

魏格纳这一“石破天惊”的观点立刻震撼了当时的科学界，招致的攻击远远大于支持。首先，它直接反对几乎所有地质学家和地理学家的传统思想。这些人从懂事时起受到的一直就是旧有理论的教育，这种理论认定大陆是静止的，地表是固定不动的。大陆漂移学说则认为，我们生存的大地存在着相对的横向运动。其次，魏格纳的假说也由此带来了新的问题，大陆漂移似乎需要巨大的、几乎无法想象的动力，这么强大的动力从哪里来？最后，魏格纳是气象学博士，主要研究气象，他并非地质学家、地球物理学家或古生物学家。在不是自己的研究领域发表看法，人们对其假说的科学性难免会产生怀疑。但正是他打破了地球物理学和地质学的隔墙，才使《海陆的起源》这本书令人着迷。

面对嘲讽和攻击，魏格纳默默承受着，他知道自己的理论还需要更加充分的证据来证明。1930年，为了重复测量格陵兰岛的经度，魏格纳不幸长眠于冰天雪地之中，年仅50岁，他的遗体在第二年夏天才被发现。直到他逝世，人们还没有接受大地在移动这一规律。但是真正的科学是不会消失的，在他去世30年后，人们终于承认了大陆漂移学说的正确性，板块构造学说席卷全球。20世纪50年代，人们在研究古代地球磁场的古地磁学说中，重新发现了大陆漂移学说。随后海底地形研究、宇航观测的发展，使一度沉寂的大陆漂移学说获得了新生，并为板块构造学的发展奠定了基础。直到今天，人们不但知道大地还在继续漂移，而且可以利用卫星测算大陆漂移的方向和速度，比如大西洋以每年约1.5厘米的速度在扩张。

源自大自然的气象员

根据动物的异常反应预测未来的天气变化，反映了我国古代劳动人民的一大智慧。我国是世界上最大的农作物起源中心之一，劳动人民在长期的生产实践中，积累了许多宝贵的“看天”经验。元末明初，娄元礼编撰了一部《田家五行》，以其丰富的内容充分反映了我国古代气象科学的辉煌成就。书中记载用天象、物象来预测天气的农谚达140余条，从不同侧面揭示了天气、气候变化的一些规律。书中记载的不少有关动物测天的农谚如“鸦浴风，鹊浴雨，八哥儿洗浴断风雨”“家鸡上宿迟，主阴雨”“母鸡背负鸡雏，谓之‘鸡佗儿’，主雨”“鹊巢低，主水；高，主旱”“狗扒地，主阴雨”“狗咬青草，主晴”“猫儿吃青草，主雨”等，用现代气象学来检验，大多具有一定的科学性。

对于我国小兴安岭一带的松鼠“储粮”越冬，科学家做过系统的仔细观察。松鼠每年秋天一到，总是忙于采集蘑菇，晾晒干粮，储藏过冬。松鼠储藏干粮的多少与冬季的长短、积雪的多少及严寒的程度都有极为密切的关系。再比如，西南非洲的羚羊如果弄死刚出生的小羚羊，当地农民便会知道，大旱灾将要发生。澳大利亚的袋鼠在大干旱到来之前，故意不给小袋鼠东西吃，让它饿死，似乎怕自己的后代遭受不幸的天灾。

群居动物对天气变化的感知表现更明显，如牛。牛群是社会的产物，但是牛的集群现象很可能与气候情况相关。当暴风雨即将来临时，一群牛便会聚集在一起相互取暖。牛对天气情况的感知还能通过其他一些习惯表现出来，如它们会变得不安，会因气压的变化而焦虑等。还有蚂蚁，蚂蚁是地球上数量最多的生物，它们筑巢在地底下，但是却把出入口留在地表。这样一旦下雨，就会带来灾难。所以当降雨来临之前，蚂蚁会搬家。如果搬得低，代表雨会下得小；如果搬得高，就预示着雨会大些。当蚂蚁把巢穴的入口堵住的话，预示将会有大雨。这是因为蚂蚁天性喜欢干燥，在它的身体上有一个感知水分的器官，在下大雨之前，当空气中水分含量太高时，泥土里的蚂蚁巢穴变得潮湿，蚂蚁触角的灵敏感受器就会感受到要下雨了，并根据空气中水分的多少，判断雨量的大小，进而决定搬家的高度。

更有趣的是，1972年11月2日黄昏，联邦德国北部的林业工人发现鹿和野猪极度不安，到处乱窜，第二天凌晨，它们都集聚在田野里而不靠近林区。结果这一天下午刮起了罕见的飓风，以每小时170千米的速度席卷了德国北部，森林被刮得东倒西歪，有5000万棵树被连根拔起，风灾后调查，林区里只有37只动物被倒下来的树砸死，而绝大多数动物事先都像鹿和野猪一样躲到了安全的林外地区。又如1962年6月30日下午，在兴安岭腹部原始森林里的丽林河生活自如的鸳鸯，突然成群起飞不见了。结果在7月1日凌晨，这一带特别是丽林河谷出现了一场罕见的盛暑炎夏季节的寒霜。“霜打万顷枯”，丽林河谷一带绿叶、青草像沸水浇过似的。后来查明，鸳鸯事先预感到霜夜的难熬，飞到了离丽林河几十里以外的双子河一带躲避，到7月2日中午时分才重返家园。

科学家已经研究过很多有关动物预知天气的原理。比如养蜂人都知道，早晨见到大量蜜蜂争先恐后飞出蜂箱采蜜，这就表明这一天是晴天；假如傍晚蜜蜂回箱晚，则表明第二天天气继续放晴；早晨如果蜜蜂不出箱或少出箱，则预示这一天是个阴雨天气；白天如果发现蜜蜂回巢突然开始活跃，而且很少出巢或不出巢，则预示着天气将会突变；如果在连续阴雨后，蜜蜂纷纷在细雨中出巢采蜜，则预示着阴雨天将结束，天气转晴。故而有“蜜蜂出巢天气晴”“蜜蜂不出工，大雨要降临”“蜜蜂带雨采蜜天将晴”这些说法。

此现象也引起了科学家的好奇之心，他们通过实验发现，蜜蜂的前后两对翅膀很轻薄，便于飞行，而且，蜜蜂习惯在天气清凉、气压较高的情况下飞行。在降雨之前，因大气中含水量增多，湿度大，气压低，蜜蜂容易沾上细细的水珠，体重增加，翅膀变软变沉，振动的频率会降低，飞行较困难，故而出巢少。

动物在进化过程中逐渐适应了周围的环境，通过不同的器官能够对外界环境有一定的感知，这也引起仿生学家和气象学家的极大兴趣，各种探测仪器的发明进一步为人类社会的发展所利用。比如水母被人们称为“顺风耳”，这是因为这种低等动物有预测风暴的本能，每当风暴来临前，它就游向安全地带“避难”去了。

原来，在蓝色的海洋上，由空气和波浪摩擦而产生的次声波（频率为每秒8—13次）总是风暴来临的前奏。这种次声波人耳无法听到，小小的水母却很敏感。仿生学家发现，水母耳朵的共振腔里长着一个细柄，柄上有个小球，球内有块小小的听石，当风暴前的次声波冲击水母耳中的听石时，听石就刺激球壁上的神经感受器，于是水母就听到了正在来临的风暴的隆隆声。仿生学家仿照水母耳朵的结构和功能，设计了水母耳风暴预测仪，相当精确地模拟了水母感受次声波的器官。把这种仪器安装在舰船的前甲板上，当接收到风暴的次声波时，可令旋转360°的喇叭自行停止旋转，它所指的方向，就是风暴前进的方向；指示器上的读数即可告知风暴的强度。这种预测仪能提前15小时对风暴做出预报，对航海和渔业的安全都有重要意义。

大自然的天气变化，我们可以用仪器去检测，也可以通过观察身边的小动物去预测。大自然总会带给我们意想不到的收获。

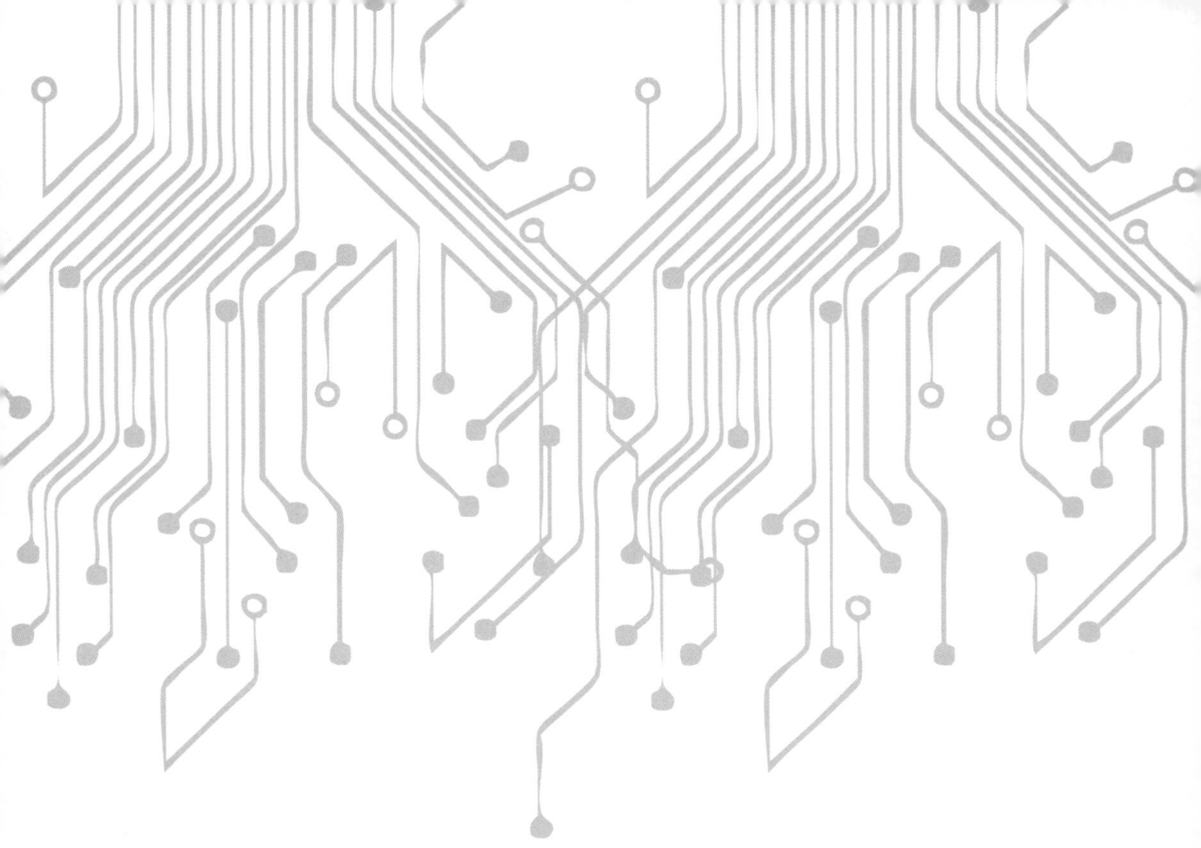

第5章

信息转换　人工智能

信息科学技术的出现,把世界变成了地球村,推动世界进入了信息转换、人工智能的新时代。它和每个人的生活、学习、工作密切相关,它让新时代更加丰富多彩,让人的发展具有众多可能。它以更高的速度,推动经济发展和全方位的技术进步,不断创造出新的生产力,推动了社会文明发展。信息科学实验之趣,也许只是广义的(即过程的)实验之趣,但是,通过它可以打开信息科学技术史的大门,能够带给人多方面的启迪和科技启蒙,这就有了更深一层的重要意义。

最早的短信——电报的发明

直到19世纪初，快马和信鸽还是最快的传递方式。中国古代还用烽火台传递消息。不过到了19世纪中叶，一项重大的发明彻底改变了这个状况，那就是电报的出现，它经历了从磁针电报、五针电报再到摩尔斯电码电报的发展演化。

磁针电报

1832年，俄国的外交官巴伦·希林根据"通电导线附近的磁针会发生偏转"这一物理现象，利用改变通电电流的强度，使磁针发生不同角度的偏转，再利用不同的角度代表不同的字母，设计出了电磁针式电报。

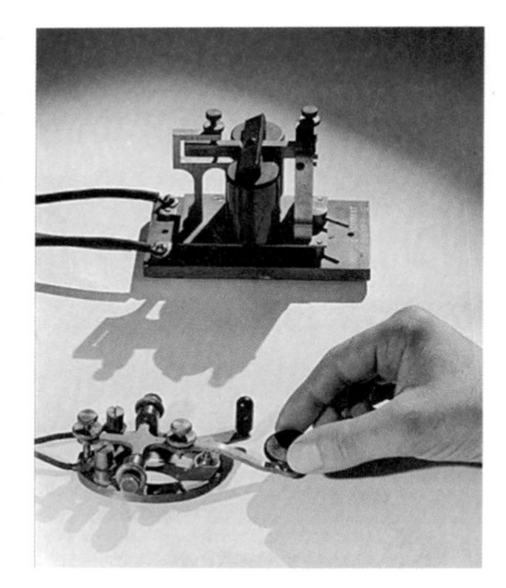

图5－1　早期电报机上的电键

五针电报

英国物理学家查尔斯·惠斯通对希林发明的磁针电报机很感兴趣，并做了改进，制定了新的实验方案。其中一个实验计划是从伦敦铺设一条电报线到伯明翰，这在当时绝对是个大工程，可惜他的实验研究没有最终完成。

幸运的是，惠斯通与新的合作伙伴威廉·库克一拍即合，很快就合作制作出了一台五针式电报机。顾名思义，这台机器拥有五根磁针，它们排列在一个菱形刻度盘的中心线上，刻度盘上绘有字母，发报者通过控制其中任意两根磁针的偏转，通过排列组合的方式组成特定的字母。其工作原理是通过由电池和双向开关构成的闭合回路，利用线圈的电磁效应来控制磁针的偏转方向，这是一个非常巧妙的设想，融合了数学、物理等学科知识。但这个机器始终只能传送20个字母，字母J、C、Q、U、X、Z没有办法表达。尽管五针电报机具有一定局限性，可它是历史上第一款具备实用价值的电报机。

图5－2　1837年惠斯通和库克发明制作的电报机

1837年，两人在英国取得了电报发明专利。

1839年，首条真正投入使用营运的电报线路在英国建成，首次在大西方铁路两个车站之间实现了双向通信。

五针电报机使用起来并不方便，相比之下，摩尔斯的设备更便宜、使用简单、维修方便、工作稳定，得到了普及，一直沿用至21世纪初。

摩尔斯电码电报

摩尔斯电码电报的发明者——塞缪尔·摩尔斯，1791年出生于美国。他的最初职业是画家，在华盛顿作画时，有一天收到了父亲的来信，说他的妻子病了，他马上放下手上的绘画工作，赶到家时，妻子已经过世下葬。这件事对摩尔斯的打击很大，他从此开始研究快速通信的方法。经过一段时间的刻苦学习，他初步掌握了电磁原理。

摩尔斯发明的电报，设计用“滴”（点）、“答”（线）和空白（断开电路）的不同组合来表示字母、数字和标点符号。“滴”就是开关的短暂接触，“答”就是开关的长时间接触。如果将这两个操作分别对应成二进制的0和1，那么实际上就是将英语文本转换成了二进制编码。这个办法，就是现在我们所熟知的摩尔斯电码，被用来传送电报。

1838年，在发明摩尔斯电码后，他同时研制出点线发报机。只要发出两种电符号，用两根导线，就能够传送消息。点线发报机的发明开创出了一个新的“短信世界”，大大简化了电报的设计和装置。

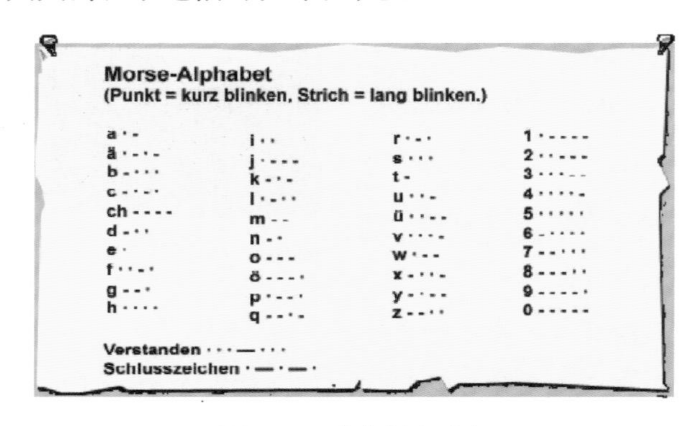

图5－3　摩尔斯电码表

1843年，摩尔斯获得了国会3万美元资助，他用这笔资助款建成了从华盛顿到巴尔的摩全长60多千米的电报线路，经过一年多的努力，完成了实用性实验。

1844年5月24日，摩尔斯在国会大厦用他倾注十余年心血研制成功的电报机，向巴尔的摩的助手维尔成功地发出了第一份电报。

图5－4　摩尔斯发出最早的电报

至此，用电来传输信息的两个关键问题—— 一是将信息或文字变成电信号，二是将电信号传到远处——都得到了解决。

摩尔斯电码在早期无线电通信上的应用举足轻重，特别是第二次世界大战时期，今天还在许多国产谍战片中出现。由于它所占的频宽少，又具有技术及艺术的双重特性，作为“人类史上最早的短信”，在当时的社会生活中有着广泛的应用。

后来，电报从有线发展到无线，作为一个脱胎于运输工具的新的通信形式，曾经是20世纪最为重要的信息传递技术。电报的发明，拉开了自语言、文字、印刷术之后的第四次信息技术革命的序幕，开创了人类利用电来传递信息的时代。

虚拟世界的创建——万维网的诞生

提到万维网，可能大家不太熟悉，但它的英文缩写“WWW”却早已家喻户晓——是日常生活中最常见的网址形式。但鲜为人知的是，最早的万维网，却是欧洲核子研究组织（CERN）的物理学家们在探索未知的粒子世界时提出并且建立的。

图5－5　欧洲核子研究组织纪念万维网诞生的铭牌

图5－6　万维网之父蒂姆·伯纳斯·李

该研究中心是世界上最大的高能物理实验室，研发人员蒂姆·伯纳斯·李大胆创想并经过不懈的努力，带领团队取得了最终成功，成为当之无愧的“万维网之父”。

1980年，一个偶然的机会，李来到位于瑞士日内瓦的研究中心干起了软件工程师的工作。

在工作过程中，李及其同事要频繁地与世界各地的科学家们沟通联系，相互之间要交换、分析大量的报告和数据，经常不得不重复回答一些问题，烦琐的过程实在令人不堪重负。为了突破地域和时间的局限，提高工作效率，李决定通过研发程序来实现全球的信息共享。

当时，研究中心通过网络来访问新信息的需求，是世界的一个微小缩影。

在李的网络构想中，互联网应该把众多的计算机资料库都连接起来，成为一个可供所有人共同使用的网络。正如李所说：“从软件、通讯录到有组织的闲聊，所有的一切都应该无所不包……如果我能够编出这样一个程序，用我的计算机开辟一个空间，并让所有信息相互连接，那么一个全球性的信息空间就将形成。”

图5－7　早期作为万维网服务器的电脑

1989年3月，李向研究中心递交了一份立项建议书，建议采用超文本技术把中心内部的各个实验室连接起来，系统建成后，将有可能扩展到全世界。

这个建议立即在研究中心引起轩然大波，经过众议，李首次提交的建议书没有通过。李并没有灰心，他重新修改了建议书，加入了对超文本开发步骤与应用前景的阐述，并再一次呈递上去。功夫不负有心人，李的建议书最终帮助他获得了一笔研究经费，使他顺利开启了同罗伯特·卡里奥等团队人员的开发实验之旅。

李开始在业余时间编写一个这样的软件程序，利用一系列的链接，首先将自己计算机上的重要文档的存储地址都“串”起来，这样就可以像一本书的目录那样，人们通过简单的操作就能完成对文本的精确检索。李将这个程序命名为“探询”(ENQUIRE)，即他儿时喜爱的那本百科全书的名字。这个程序就是后来万维网的雏形，它能够存储信息，将文档连接到一起，但只能在一台电脑上进行操作。

1990年，李带领团队花了几个月的时间在NEXT上进行实践构想，经过不断的摸索和修改，终于成功开发出世界上第一个Web服务器和第一台Web客户机。这个Web服务器虽然比较简陋，但它实实在在是一个所见即所得的超文本浏览器或者编辑器，李为他的发明正式定名为“World Wide Web”，即今天我们熟悉的“WWW”。

1991年8月6日，世界上第一个WWW网站www.info.cern.ch正式成立。

1993年4月30日，研究中心宣布开放万维网给所有人使用，这使得万维网得以进入寻常百姓家，大大普及了万维网的应用。

在万维网诞生的过程中，李带领团队解决了三个重要的问题：万维网的语言：超文本；万维网的地址：统一资源标识符(URL)；万维网的运行规则：HTTP协议和FTP协议。正是李带领团队对这三个难题的攻克，今天人们才

图5-8　万维网诞生的标志性事件

得以方便地通过互联网获取信息。其具体的相关内容，有兴趣的读者朋友可以自己去拓展学习和研究。

李及其团队的这一发明，彻底改变了全球信息化的传统模式，打破了信息存取的壁垒，迎来了一个信息交流的全新时代，同时，也使互联网由少数精英使用的信息传输渠道，变成了能够供全世界每个人使用的“知识百科全书”。

万维网诞生后，对人类生活不断渗透，使得全世界的人们以史无前例的巨大规模相互交流，它是一种跨时代的信息转换大事件。信息技术的巨大进步，带给人们更多的选择，它改变了人们过去只通过线下交流的方式，有了线上相互联系的新方式。人们之间信息的交流从生活世界扩展到了网络世界，从线下扩展到了线上，如今的“互联网＋”写进了政府工作报告，连偏远农村的“互联网＋”应用也风生水起，成为经济发展和社会进步的重要推动力，也是技术进步和文明演进的重要表现，成为新时代的重要特色之一。

寻找信息的使者——搜索引擎

在茫茫“网海”之中，面对海量的信息，如何才能快速地找到自己所需要的信息呢？这就需要一个“使者”的帮助，它叫“搜索引擎”，可以让用户快速准确地找到目标信息。

搜索引擎所做的事，就是根据一定的策略，运用特定的计算机程序，从互联网上搜集信息，再对信息进行组织和处理后，为用户提供检索服务，最终将检索到的相关信息展示给用户。

通过搜索引擎寻找信息，经历了从最初手工搜索到后来采用自动搜索来整合和检索互联网信息两个阶段。

1994年4月，斯坦福大学的两名博士研究生杨致远和费罗共同创办了雅虎

（Yahoo）门户网站。早期的雅虎，是从为互联网的网站建目录起家，采用的是手工创建目录的办法。由于当时网上的内容不多，手工能很快建立起覆盖互联网大部分内容的目录。随着互联网上的内容激增，手工创建索引和目录已经无法满足要求，于是雅虎便采用了Inktomi的自动搜索引擎。

受当时计算速度和容量的限制，早期搜索引擎都存在一个共同的问题：收录的网页太少，而且只能对网页中常见内容相关的实词进行索引，对于虚词等词是不做索引的，这常常让用户难以找到所需的相关信息。

后来，美国数字设备公司（DEC）利用其64位处理器Alpha的计算能力，开发了AltaVista搜索引擎，用一台高性能的Alpha服务器，收录了比以往搜索引擎都多的网页，而且对里面的每一个词都进行了索引，能让用户搜索到大量结果，但搜索到的大部分结果却与查询的内容不太相关。

在信息检索的学术界，有两个判定搜索质量好坏的客观标准，即"查全率"（信息数量）和"查准率"（信息质量）。相比早期的搜索引擎，DEC的AltaVista解决了查全率的问题，但在查准率上没有什么突破，在斯坦福大学就读的拉里·佩奇和谢尔盖·布林，决定在这方面做点研究。

图5－9　谷歌公司创始人佩奇（左）和布林（右）

佩奇最初研究互联网链接结构的问题时,他还没有意识到自己所做的事情其实就是搜索。佩奇认为,整个互联网就是有史以来人们创造的最大的“图”,并且还在以惊人的速度增长。他想在互联网上建立起一种链接,使得人们像写论文找论据一样,可以方便地在上面查找到自己想要的东西,并且还能评估这些资料的质量,丢弃掉没用的信息,帮助提升网络的价值。

佩奇研究之后发现,当时整个互联网由大概超过1000万个文件以及它们之间无法计数的链接组成,用网络爬虫爬行如此巨大的互联网所需要的计算资源远远超出了他的能力范围。不过,他还是非常用心地设计了自己的网络爬虫。不久,佩奇的研究项目引起了数学天才布林的关注,布林成为佩奇最得力的助手,布林表示:“我和学校中许多研究小组都有过接触……但是这个却是最激动人心的项目,因为它研究了网络——象征人类知识的网络。”

1996年,佩奇把他的网络爬虫正式放到了互联网上,逐渐改进它,使那些受欢迎的站点显示在注释的顶端,不受欢迎的站点沉到底部。他们意识到做搜索是个好主意——“我们拥有了一个查询的好工具,它会给你一个总体上的页面排名,并且会按顺序排列它们”。

当时,已经有多个搜索引擎存在,但这些搜索引擎都面临一个共同的难题:当都以关键字来排列搜索结果时,总是显示很多不相关的列表。在谷歌以前,包括AltaVista在内的搜索,一般10条结果只有两三条是相关的,余下的七八条都是无关的,而谷歌则做到了七八条相关而两三条无关,这在搜索上是一个质的飞跃。佩奇和布林一起合作,发明了PageRank算法,搭建了一个搜索引擎来证明PageRank算法的实用性,把关联性大、更有意义的结果凸显出来,这样谷歌就基本上解决了搜索查准率的问题。

为改进服务,佩奇和布林把更多页面加入索引中,这需要更多的计算资源。他们没有钱去买新电脑,从网络实验室搞来的硬盘、系里闲置的CPU,以及斯坦福的校园宽带,都成了他们继续运营谷歌的免费资源。那时,服务器曾一度填满了佩奇的宿舍。

为了创立公司，佩奇向自己的导师求援。导师让佩奇试试看，摸着石头过河，如果谷歌成功了，那自然很好；如果没有成功，可以回到导师所在的研究生院继续完成他的学业。导师的支持消除了佩奇的后顾之忧。

佩奇和布林离开斯坦福时，还带走了他们的同学克雷格·西尔弗斯坦。西尔弗斯坦是研究信息编码的博士研究生，无论是系统设计还是编程能力都极强。和一般早期互联网公司的那些很快写出粗糙程序的工程师不同，西尔弗斯坦的程序采用最优的实现方式，让人读起来像是在欣赏一件艺术品。西尔弗斯坦几乎凭一己之力写出了谷歌搜索引擎的第一个商业版本，而且还制定了至今仍被谷歌遵守的程序设计规范和流程。

1998年9月，谷歌公司在加利福尼亚州的曼罗帕克正式成立。

到了2000年，谷歌搜索引擎已经可以索引10亿个网页，网站也开始支持包括汉语、法语、德语、日语在内的15种语言。

今天，我们知道去何处寻找知识或许比知识本身更重要，搜索引擎就能帮助我们实现信息的寻找和对数据的挖掘。搜索引擎的作用，就是把最可能满足网民信息需求的信息，从数据库里面调取出来呈现在网民面前，将人和信息对接在一起，让我们每个人不必“行万里路”，都有机会“拜万人师”，“读万卷书”，上一所心仪的“自修大学”，实现一生的全面发展。

数据之功——让机器智能化发展

互联网上的任何内容，比如文字、图片和视频等都是数据。在有大数据之前，计算机并不擅长于解决有关需要人工智能的问题。但是今天，人们转换思路——变智能问题为数据问题，成功地突破了计算机的这一局限。

1996年，IBM的超级计算机“深蓝”[1]和当时的国际象棋世界冠军卡斯帕罗夫进行了一场六番棋的比赛。在那次对局的第一盘，学习了卡斯帕罗夫过去棋谱的“深蓝”执白棋先行，并且先声夺人赢得了第一盘。善于应变的卡斯帕罗夫在随后的五盘中没有再输，最后以3.5∶1.5的比分战胜了超级计算机“深蓝”。

图5－10　卡斯帕罗夫与“深蓝”对弈

1997年5月，改进后的“深蓝”卷土重来。值得一提的是，第44步时，“深蓝”走出了一步怪异之棋，这让卡斯帕罗夫误以为计算机“深蓝”具有了超级智能。然而卡斯帕罗夫还是以平稳心态走出第45步棋，并取得第一盘的胜利。事后，IBM承认，这步怪棋其实源于程序的一个漏洞，使得“深蓝”找不到合适的走法，不得不采用预先设定的保守走法。第二盘，卡斯帕罗夫认输，随后的三盘，双方都下成和棋。第六盘卡斯帕罗夫还没等到残局就认输了，这比通常国际象棋的用时短了一半时间。

在1996年那次对弈之前，IBM收集了所有能够找到的卡斯帕罗夫的对弈记录，供IBM“深蓝”研究小组利用这些数据来建立模型。计算机利用数学模型，能够在棋盘的任何一个状态下，评估出自己和对方获胜的概率，寻找出一个让

①“深蓝”的名字源自其雏形电脑“深思”(Deep Thought)及IBM的昵称“巨蓝”(Big Blue)，由两个名字合并而成。“深蓝”的程序运行于IBM著名的RS6000系统上，使用C语言编写，运行系统为AIX，“深蓝”的关键部件是拥有几百个专门为国际象棋优化的VLSI芯片。“深蓝”每秒钟能计算2亿步，可以搜索到十多步棋之后的发展，而人类的顶尖棋手是十步左右。

自己获胜概率最大的状态，再向这个状态方向下棋。“深蓝”在评估自己和对方的胜率时，会概括历史数据，考虑卡斯帕罗夫可能采用的走法，对不同状态的棋给出可能性的估计，然后根据对方下一步走法对盘面的影响，核实这些棋的可能性，找到一个最有利于己方的状态，并走出这步棋。

对于“深蓝”研究团队来说，是把一个机器智能的问题变成了一个大数据和大量计算的问题。在1996年的那次对弈中，“深蓝”团队研究了卡斯帕罗夫的历史数据，如果卡斯帕罗夫按照通常的习惯走棋，“深蓝”应该是可以应付的。如果卡斯帕罗夫棋路稍微有些变化，“深蓝”或许就会处于被动状态，因为“深蓝”使用的数据量显然不够。

到了1997年，“深蓝”研究团队不仅把计算机的运算速度提升了两个数量级，还召集了全世界上百位国际大师，收集和整理了全世界众多大师的对弈棋谱，提供给计算机学习。由于计算机的运算速度相比以前有了大幅度的提升，学习效率就相应得到了快速提高。这样，“深蓝”学习到了上百位大师在各种棋局场面下的走法，换句话说，人类能想到的好棋，它都见识过了，也就具备了大数据的完备性。在第二次六盘对弈中，除了第一盘“深蓝”因为程序漏洞，负于卡斯帕罗夫，最后五盘非胜即平，还有些走法甚至出乎卡斯帕罗夫的意料。另外，“深蓝”还具有卡斯帕罗夫所不具备的另一个优势，由于它是机器，没有情感，在下棋时，“深蓝”不受情绪影响，发挥相对稳定。而且机器自我学习能力非常强，不会再犯一样的错误。先通过以往比赛的浩瀚棋谱来学习，而后又通过创新形式的增强学习，不断自我对弈，之后，再与人类专业棋手对抗之后，它还会继续学习，会让人类和自己都变得更加强大。

1997年以后，计算机下棋的水平越来越高，而且进步速度超出人们的想象，许多人都无法与计算机相抗衡。按照先前的定义，如果计算机能够在下棋上超过人，就说明它有了智能。而这种智能，恰恰缘于数据的取得。如果说工具是人类手脚的延伸，那么有了数据后的计算机就是人脑的延伸。

图5－11　博物馆中的“深蓝”：运行于IBM RS6000 SP的系统上

在计算机遇到的问题中，容易回答的是询问事实，即“是什么”“什么时候”“什么地点”“哪一个”“是谁”之类的问题。

计算机下棋和回答问题，体现出大数据对机器智能的影响。各种各样的机器人，比如自动驾驶汽车、扫地机器人、谷歌助手、能够诊断癌症或者为报纸写文章的计算机等，它们在某些方面具有超过人类的智能。在这些机器人的背后，是数据中心强大的服务器集群，从方法上说，它们获得智能的方法不是和我们人类一样靠推理，而是利用更多的大数据，从大数据中学习获得信息和知识。它们可以被“训练”，或者说它们会“学习”。

在20世纪90年代互联网兴起之后，数据的获取变得非常容易。从1994年到2004年的10年里，语音识别的错误率减少了近一半，而机器翻译的准确性提高了近一倍，其中20%左右的贡献来自方法的改进，80%则来自数据量的提升。

如果我们把资本和机械动能作为大航海时代以来全球近代化的推动力，那么数据将成为下一次技术革命和社会变革的核心动力，决定今后经济发展的是大数据和由之而来的智能革命。

在无法确定因果关系时，数据为我们提供了解决问题的新方法。数据中所包含的信息可以帮助我们消除不确定性，而数据之间的相关性在某种程度上可以取代原来的因果关系，帮助我们得到答案，这便是大数据让机器向智能化发展的一个重要奥秘。

保密通信——中国量子加密通信

通信加密是全世界都关注的问题，传统的信息传递，有被截获和复制的风险，而量子加密通信（简称“量子通信”）可以解决这个难题。

量子通信的发展历程

20世纪90年代初，郭光灿、张永德等老一辈科学家对该领域发展密切关注，中国科学技术大学还发表了部分该领域的文章。

1996年，中国学者潘建伟前往奥地利，师从物理学家安东·蔡林格，攻读博士学位。那时，蔡林格教授已经建立了量子实验室，并且是量子物理学领域的国际权威。1997年，蔡林格在室内首次完成了量子态隐形传输的原理性实验验证，潘建伟跟随导师参与了整个实验。

2001年，潘建伟回国组建实验室。

2005年，在中国科学院理论物理研究所的于渌院士、南京大学的闵乃本院士等人的建议下，量子调控成为国家重大研究计划内容。

2008年，潘建伟团队在合肥市实现了国际上首个全通型量子通信网络，并利用该成果，为新中国成立60周年国庆阅兵关键节点间实现了“量子通信热线”，为重要信息的安全传送提供了保障。

2013年，济南城域量子通信试验网竣工，设备性能和大规模组网能力又有了进一步的提升。

2016年，2000千米光纤量子通信骨干网工程“京沪干线”项目建成，它是高可信、可扩展、军民融合的广域光纤量子通信网络；同年量子科学实验卫星“墨子号”成功发射，实现了高速的星地量子通信，初步构建起我国广域量子通信体系。

未来，计划还将在每个城市中建设光学天线来接收卫星的信号，从而真正实现天地一体化的量子通信。

量子通信的加密原理

量子是现代物理的重要概念，最早由德国物理学家普朗克在1900年提出。一个物理量，如果存在最小的不可分割的基本单位，则这个物理量是量子化的，最小单位被称为量子。

光源发出的一束光，通过衰减片进行反复衰减，其能量不断减弱，最后就会成为一份一份不连续的能量颗粒，这些不可分割的最小能量颗粒被称为单光子或光量子。

量子通信，是指利用量子比特作为信息载体来传输信息的通信技术。由于利用了量子力学的基本原理，它能够在确保信息安全、增大信息容量等方面，突破经典信息技术的极限。量子的传递过程，只是密码的产生过程，信息走的还是经典通道。量子加密通信与传统加密方式相比，它的加密方式有着更高的安全性。

严峻的现实是，由于计算能力的提升和科技的进步，经典密码加密技术，对于通信安全的保障，显得远非预期那样可靠，经典密码加密的信息传送时很容易被窃取。量子通信系统的问世，重新点燃了建造安全的通信系统的希望。

在量子加密通信过程中，发送方和接收方采用单光子的状态作为信息载体来建立密钥。由于单光子不可分割，窃听者无法将单光子分割成两部分，让其中一部分继续传送，而对另一部分进行状态测量获取密钥信息。又由于量子测不准原理和不可克隆原理，窃听者无论是对单光子状态进行测量，还是试图复制之后再测量，都会对光子的状态产生干扰，从而使窃听行为暴露。

中国成功发射首颗量子科学实验卫星

2016年8月16日，注定是中国量子通信历史上有里程碑意义的一天。中国自主研制的世界首颗量子科学实验卫星“墨子号”成功发射，并在次年6月首次成功实现千千米级的星地双向量子通信，为构建覆盖全球的量子加密通信网络奠定了坚实的科学和技术基础。

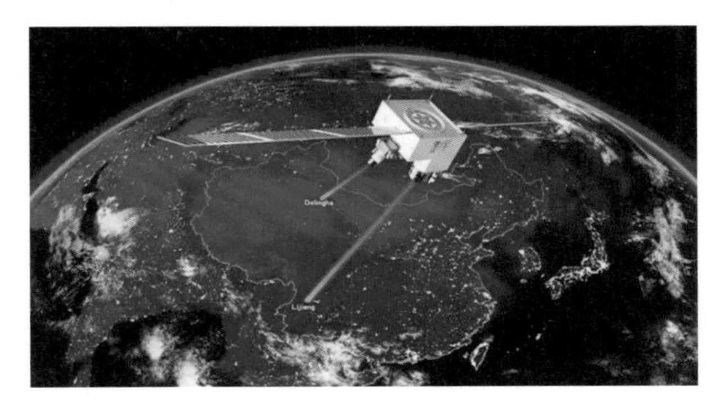

图5－12 “墨子号”量子科学实验卫星

在第48届量子电子物理学大会上，中国科学院院士、物理学家潘建伟，获颁“兰姆”奖。潘建伟教授说，在量子通信技术的研发过程中，需要攻克单个光量子的制备和探测两个世界技术难题，虽然现在的技术已经发展到可以操纵数百个原子的水平，但是要实现数百个原子之间的量子纠缠态，还有很长的路要走。

图5－13 潘建伟领衔的量子科学研究团队

从100千米、400千米、1200千米到7600千米洲际距离，短短十余年间，中国不断取得量子通信在距离和维度上的新突破。

千百年来，人们对于通信安全的追求从未停止。然而，基于计算复杂性的传统加密技术，在原理上存在着被破译的可能性。量子力学100多年的发展，特别是量子加密通信的出现，给人类带来另一种可能——不可窃听、不可破译的无条件安全通信方式。

国之重器——北斗卫星导航系统

图5－14　北斗卫星导航系统标志①

“迢迢牵牛星，皎皎河汉女。”当你感叹星河灿烂、宇宙深邃时，你可知道中国自行研制的全球卫星导航系统？它就是中国北斗卫星导航系统（BeiDou Navigation Satellite System，BDS）。它以迅猛的发展速度，受到广泛关注，从走出国门到服务全球，成为中国“走出去”的一张国家名片。

北斗卫星导航系统（简称北斗系统），是中国着眼于国家安全和经济社会发展需要，自主建设、独立运行的卫星导航系统，是为全球用户提供全天候、全天时、高精度的定位、导航和授时服务的国家重要时空基础设施。

①北斗卫星导航系统标志由正圆形、写意的太极阴阳鱼、北斗星、网格化地球和中英文文字等要素组成。圆形构型象征中国传统文化中的“圆满”，深蓝色的太空和浅蓝色的地球代表航天事业。太极阴阳鱼蕴含了中国传统文化。北斗星是自远古时起人们用来辨识方位的依据，司南是中国古代发明的世界上较早的导航装置，两者结合既彰显了中国古代科学技术成就，又象征着卫星导航系统星地一体，为人们提供定位、导航、授时服务的行业特点，同时还寓意中国自主卫星导航系统的名字——北斗。网格化地球和中英文文字代表了北斗卫星导航系统开放兼容、服务全球。

北斗系统,从早期的提出,到后期的建设和发展、提供服务,并进入世界全球卫星导航系统的行列用了大约40年的时间。

发展历程

20世纪80年代初期,以“两弹一星”元勋成芳允院士为首的专家团体,提出了双星定位方案。

1991年,海湾战争爆发。美国GPS在实战中的成功应用,带给了北斗系统新的发展机遇,被搁置10年的双星定位方案得以重启。

20世纪后期,中国开始探索适合国情的卫星导航系统发展道路,逐步形成了三步走的发展战略:第一步,到2000年底,建成“北斗一号”系统,向国内提供服务;第二步,到2012年底,建成“北斗二号”系统,向亚太地区提供服务;第三步,力争在2020年前后,建成北斗全球系统,向全球提供服务。

2000年10月31日,中国自行研制的第一颗导航定位卫星——北斗导航试验卫星,在西昌卫星发射中心发射成功,经过17年的不懈努力,至2018年7月10日,已经成功发射32颗北斗导航卫星,都顺利进入预定轨道。

基本结构

北斗系统由空间段、控制段和用户段三大系统组成。

简单地说,空间段由卫星组成,控制段涉及卫星的运行管理,用户段则包括了军用和民用接收机等基础产品的应用。

空间段:北斗系统空间段由若干地球静止轨道卫星、倾斜地球同步轨道卫星和中圆地球轨道卫星组成,是一种混合导航星座。空间段的主要作用是产生并发送码信号与相位信号,并广播由地面控制段上传的导航电文。

控制段:控制段通常由一个主控站、若干监测站及地面天线组成。主控站控制并协调所有操作,监测站形成跟踪网,地面天线则是连接卫星的通信链路。控制段的主要作用是控制并维持卫星星座，根据需要进行轨道机动，或补偿故障卫星重新定位；监测并维护卫星健康；预报卫星星历及时钟参数；更新导航电文等。

用户段：用户段包括北斗兼容其他卫星导航系统的芯片、模块、天线等基础产品，以及终端产品、应用系统与应用服务等。用户段的主要作用：接收每颗卫星的信号，测定到卫星的距离，并利用卫星播发的电文确定卫星的位置等。

北斗系统的一个重要研究，来自北斗系统的用户段基础产品——芯片，为28纳米生产工艺，兼具超低功耗和小型化的特点，显著提升用户设备的续航能力。它可接入多种传感器进行融合定位，通过精准的场景及上下文识别，即使在恶劣信号环境下仍能保证又快又准的定位。它的高集成度设计，还节省了外围器件及板上面积。另一用户段基础产品——接收机，内置大容量存储和长效锂电池，具备串口、网络和无线等多种通信接口，提供友好的人机交互界面和牢靠的封装，适用于测绘、气象、地震、位移监测、科学研究和其他高精度测量定位的应用领域。

北斗系统是如何实现基本定位的？这是一个比较复杂的过程。在定位时，用户通过接收卫星的信号，测定自己到卫星的距离来定位。在观测到更多卫星的情况下，至少要求接收来自4颗卫星的信号来计算，用统计方法最优估计出用户的一个准确位置和钟差，通过解包含4个未知数的方程组来实现定位。要了解更多北斗系统的相关内容，有兴趣的读者朋友可以去拓展学习。

中国的北斗，世界的北斗

卫星系统是全球性公共资源，多系统兼容与互操作已成为发展趋势。

中国始终秉持和践行“中国的北斗，世界的北斗”的发展理念，服务“一带一路”建设发展，积极推进北斗系统国际合作。与其他卫星导航系统携手，与各个国家、地区和国际组织一起，共同推动全球卫星导航事业发展，让北斗系统更好地服务全球、造福人类。

2014年11月联合国会议上，负责制定国际海运标准的国际海事组织——海上安全委员会，正式将中国的北斗系统纳入全球无线电导航系统。

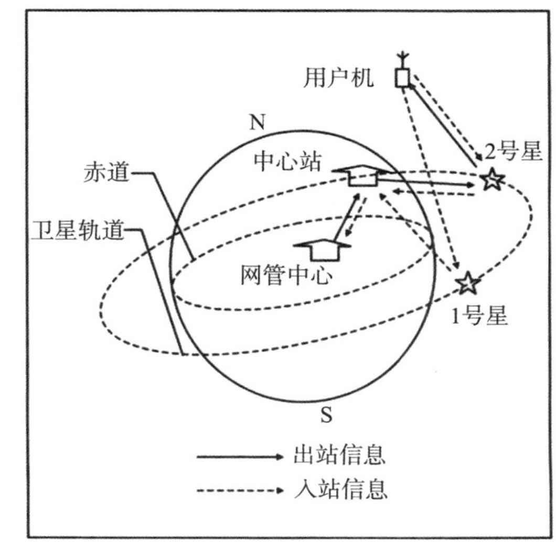

图5－15　北斗系统示意图

北斗系统的应用，较大地提升了各行业的信息化、智能化水平。近年来，通过与数字经济相结合，我国北斗系统开创了很多新的应用，如“北斗＋服务”。“星地一体”的时空位置服务，牵引了物联网、车联网、船联网、无人驾驶等多领域的发展，北斗系统让“互联网＋”时代迸发出无限的可能。触手可及的北斗，为世界呈现中国方案、贡献中国智慧，是当之无愧的“国之重器”。

信息转换、人工智能的现实和未来
——智能革命·智能技术·智能＋世界

第一次工业革命是蒸汽革命，第二次工业革命是电力革命。当下的信息科学技术革命，则是大数据和人工智能。信息科学技术时时与学习、生活、工作“亲密接触”——服务人、解放人、发展人，它把世界连成地球村，推动世界进入信息转换、人工智能的新时代。

信息科学实验，需要信息科学技术；信息科学技术，助推信息科学实验研究。二者结合，推动社会文明向前发展。信息科学实验之趣，也许只是广义的（即过程的）实验之趣，但是，信息科学技术实验，帮助我们打开信息科学技术史的大门，洞悉信息科学技术及其未来的发展趋势，给我们以多方面的启迪。

今天，我们正处于一个智能革命的时代，处于一个信息科学智能技术时时更新的时代。

信息科学智能革命

1956年，在美国汉诺斯小镇宁静的达特茅斯学院，一批科学家相聚在一起，讨论着一个重要的主题——用机器来模仿人类学习以及其他方面的智能，大家为会议讨论的内容起了一个响当当的名字——“人工智能”，英文缩写为“AI”，它是研究、开发用于模拟、延伸和扩展人的智能的理论、方法、技术及应用系统的一门新的技术科学。这一年也被视为人工智能元年。

人工智能研究的主要目的，是用计算机来模拟人的某些思维过程和智能行为，它主要包括计算机实现智能的原理、制造类似于人脑智能的计算机，使计算机能实现更高层次的应用。

信息科学智能技术聚焦

信息科学技术的发展日新月异，每年、每月甚至每天都有新的变化，让我们一起了解其中部分信息科学智能技术及其发展。

1. 云·云计算·云服务

简单来说，“云”其实就是网络的一种比喻说法。

“云计算”就是使计算分布在大量的分布式计算机上，让用户能够将资源切换到所需要的应用中，根据需求来访问计算机和存储系统。“云计算”的关键，是如何把一个非常大的计算问题，自动分解到许多计算能力不是很强大的计算机上去共同完成。“云计算”意味着计算能力也可以作为一种商品进行流通，就像煤气、水电一样，取用方便，费用低廉，最大的不同在于，它是通过互联网进行传输。

“云服务”是基于“云计算”技术的服务，它将大量用网络连接的计算资源统一管理和调度，用户通过网络方式获得所需资源和服务。“云服务”可以将用户所需的软件、资料都放到网络上，在任何时间、地点，使用不同的IT设备互相连接，实现数据存取、运算等目的。今天的“云服务”，已经为众多行业提供基础服务。

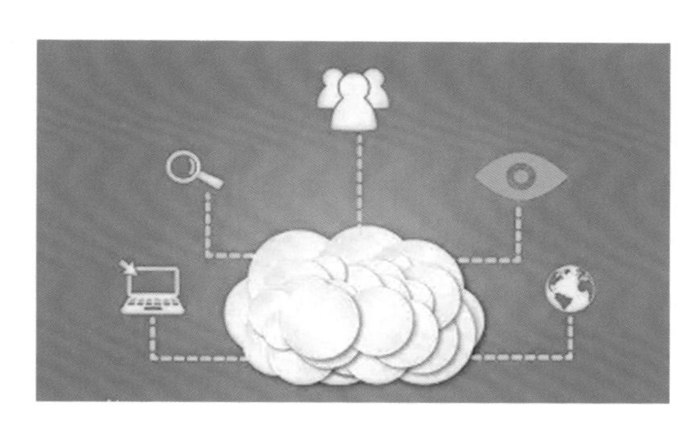

图5－16 “云服务”示意图

2. 大数据

世间一切，万物皆数，数据已经深深“侵入”生活的方方面面。

大数据(big data)是一种规模大到在获取、存储、管理、分析方面大大超出传统数据库软件工具能力范围的数据集合，具有海量的数据规模、快速的数据流转、多样的数据类型和价值密度低四大特征。大数据技术的意义，在于提高对数据的“加工能力”，通过“加工”实现数据的“增值”，让原本孤立的数据变得互相连通。这使得人们通过数据分析，能发现小数据时代较难发现的新知识，创造出巨大的新的数据价值。

在有大数据之前，计算机并不擅长解决需要人类智能的问题，但是，今天这些问题换个思路就可以解决了，其核心就是变智能问题为数据问题，采用信息论的思维方式，可以让过去许多难题迎刃而解——利用大数据来消除不确定性。

3. 无人驾驶

1966年，智能导航第一次出现在美国斯坦福大学研究所，发展到今天，新能源汽车，或者说电动车技术的日益成熟，打开了传统汽车复杂生产工艺的一个缺口，让汽车的制造门槛大幅度降低。过去最难造的发动机、传动器、离合器，在电动车里面都不需要了。汽车产业，从最初的电动化，不断向智能化、网联化和共享化发展，这为汽车产业带来一场新革命——无人驾驶汽车（智能汽车的一种）的出现，其主要依靠车内以计算机系统为主的智能驾驶仪，来实现无人驾驶的目标。

无人驾驶汽车，是利用车载传感器来感知车辆周围环境，并根据感知所获得的道路、车辆位置和障碍物信息，控制车辆的转向和速度，从而使车辆能够安全、可靠地在道路上行驶。它集自动控制、体系结构、人工智能、视觉计算等众多技术于一体，是计算机科学、模式识别和智能控制技术高度发展的产物。

4. 第五代移动通信（5G）

第五代移动通信，即第五代移动电话行动通信标准，也称第五代移动通信技术，缩写为“5G”。在移动通信领域，第一代是模拟技术；第二代实现了数字化语音通信；第三代是人们熟知的3G技术，以多媒体通信为特征；第四代是正在使用的4G技术，其通信速率大大提高，标志着进入无线宽带时代。5G就跟“大哥大”变成智能手机，DOS系统变为Windows系统，绿皮火车变成“复兴号”一样，都是一种大幅度的技术升级。

5G网络，相比4G网络来说，可以提供更快的移动宽带网速，网络的延迟率更低，同时还可以连接海量设备，数据传输稳定，网络安全性更高。它还能将智能家居终端、AI人工智能、无人驾驶等技术串联起来，做到智能设备的融合。5G正是因为有了强大的通信和带宽能力，一旦投入应用，目前仍停留在构想阶段的车联网、物联网、智慧城市、无人驾驶等将可能变为现实。

2016年11月17日0时45分，在3GPP RAN1第87次会议的5G短码方案讨论中，中国华为公司主推的Polar Code（极化码）方案，从美国主推LDPC和法国主推Turbo 2.0两大竞争对手中脱颖而出，成为5G控制信道eMBB场景编码方案，而LDPC码成为数据信道的上行和下行短码方案。

5. 量子通信·量子计算

量子通信是指利用量子效应来加密，并进行信息传输的一种通信方式。相比传统通信，它具有时效性高、传输速度快、抗干扰性能强、极度安全等特点。2016年8月16日，中国自主研制的世界首颗量子科学实验卫星——“墨子号”成功发射，它是科学家向信息“绝对安全”目标迈出的重要一步。量子科学实验卫星科学家潘建伟院士说，在传输线路中可以进行光缆的无感窃听，黑客的攻击无所不在；而量子通信，是目前人类唯一已知的无条件安全的通信方式，根据量子理论可从根本上解决通信的安全问题，应用前景无限。从此，量子通信从“理想王国”开始走向“现实王国”。

量子计算是一种遵循量子力学规律调控量子信息单元进行计算的新型计算模式。量子的叠加态特性，可以在同一时间有四个状态，计算能力呈现指数

图5－17　中国量子科学实验卫星科学家潘建伟院士

增长。量子计算和DNA（脱氧核糖核酸）计算的规模和能量将远远超出今天的基于硅的计算能力。量子计算的价值主要体现在速度、安全性、复杂运算等多个方面。2017年5月3日，中国科学技术大学潘建伟院士科研团队宣布光量子计算机成功构建，该光量子计算机是货真价实的“中国造”。

6. 3D打印

简单来说，3D打印是可以打印出真实的3D物体的一种技术。3D打印与普通打印工作原理基本相同，只是打印材料不同，普通打印机的打印材料是墨水和纸张，而3D打印机内装有金属、陶瓷、塑料、砂等不同的打印材料，是实实在在的原材料。打印机与电脑相连接后，通过电脑控制可以把打印材料层层叠加起来打印，最终把计算机上的图像变成实物。

7. 超级计算机

超级计算机是计算机中功能最强、运算速度最快、存储容量最大的一类计算机，多用于国家高科技领域和尖端技术研究，它对国家安全、经济和社会发展具有举足轻重的意义，是国家科技发展水平和综合国力的重要标志。如果把普通计算机的运算速度比作成人走路的速度，那么超级计算机就相当于火箭的速度。

8. 人脸识别

人脸识别属于生物特征识别，是针对生物体（通常指人）本身的生物特征来区分生物体个体的技术。它是基于人的脸部特征，对输入的人脸图像或者视频流进行识别。人脸识别包括三个部分：人脸检测、人脸跟踪、人脸比对。在识别时，首先判断其是否存在人脸，如果存在人脸，则进一步给出每张人脸的位置、大小和各个主要面部器官的位置信息，并依据这些信息，再提取每张人脸中所蕴含的身份特征，并将其与已知的人脸进行对比，从而识别每张人脸的身份。它已经被广泛应用于证件办理、金融服务、电子商务、安全防务等领域。

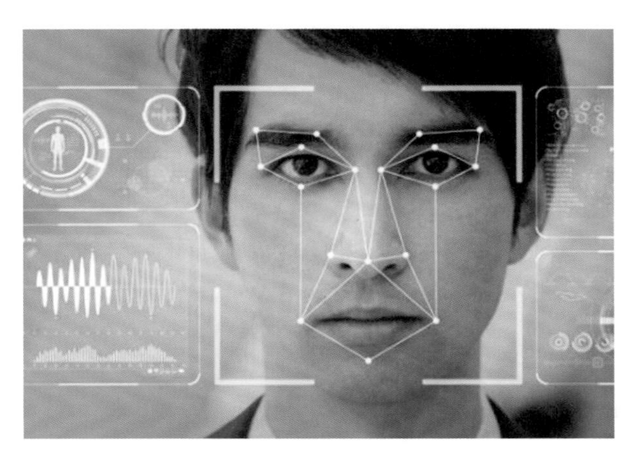

图5－18　人脸识别

9. 机器人

机器人是自动执行工作的机器装置。它既可以接受人类指挥，又可以运行预先编排的程序，也可以根据人工智能技术制定的规则行动，来协助或取代部分人类工作。机器人已经融入我们的学习、生活和工作之中，成为地球上的“新人类”。曾有“深蓝”机器人击败国际象棋冠军卡斯帕罗夫；谷歌的围棋计算机AlphaGo，在与世界著名围棋选手李世石的对局中，以4∶1的压倒性优势取得胜利；微软机器人小冰成为网红诗人；有代号为“Cubestormer3”的机器人，以3.253秒的极速还原魔方，打破吉尼斯世界纪录；还有生活中的扫地机器人等的出

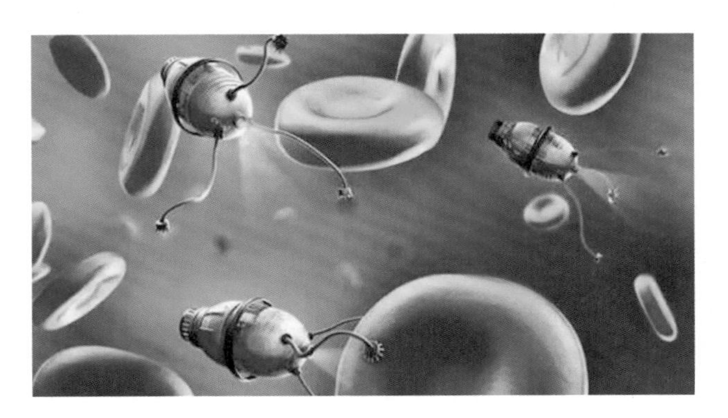

图5－19　医用纳米机器人

现。它们或许在未来将与人类友好地生活在一起。

10. 语言识别:机器翻译

机器翻译,又称为自动翻译,是利用计算机将一种自然语言(源语言)转换为另一种自然语言(目标语言)的过程。它是计算语言学的一个分支,是人工智能的终极目标之一,具有重要的科学研究价值。同时,机器翻译又具有重要的实用价值。随着经济全球化及互联网的飞速发展,机器翻译技术在促进政治、经济、文化交流等方面起到越来越重要的作用。

机器翻译技术的发展,一直与计算机技术、信息论、语言学等学科的发展紧密相关。从早期的词典匹配,到词典结合语言学专家知识的规则翻译,再到基于语料库的统计机器翻译,随着计算机计算能力的提升和多语言信息的爆发式增长,机器翻译技术开始为普通用户提供实时便捷的翻译服务。谷歌发布的谷歌助手,现场能够用自动生成的语音与理发店店员或快餐厅接线员进行对话。

信息转换、人工智能的未来:智能+世界

今天,信息科学技术不断出现,智能、健康、绿色引领科学技术创新,对新能源等未来生活的探索,“互联网+”蓬勃发展——将全方位改变人类生产生活,科学技术制高点不断向太空、海洋、地下推进,前沿基础科学技术研究向宏观拓展、微观深入方向交叉融合发展,国防科技、军事科技、民用科技融合发展。

信息转换、人工智能发展的趋势,从典型的技术驱动发展模式,向应用驱动与技术驱动相结合的模式转变,向高速度大容量、集成化和平台化、智能化、虚拟计算、以人为本、安全化、信息化与工业化融合等方向发展。

智能革命,让计算机去完成以往需要人的智力才能胜任的工作。今后,随着智能技术的发展,全世界将有更多的人享受到智能社会的红利和便利,智能革命引领我们进入信息科学“智能+”的世界,让人类的生活变得更加方便,让社会资源的利用率大幅度提升,让世界越来越美好。

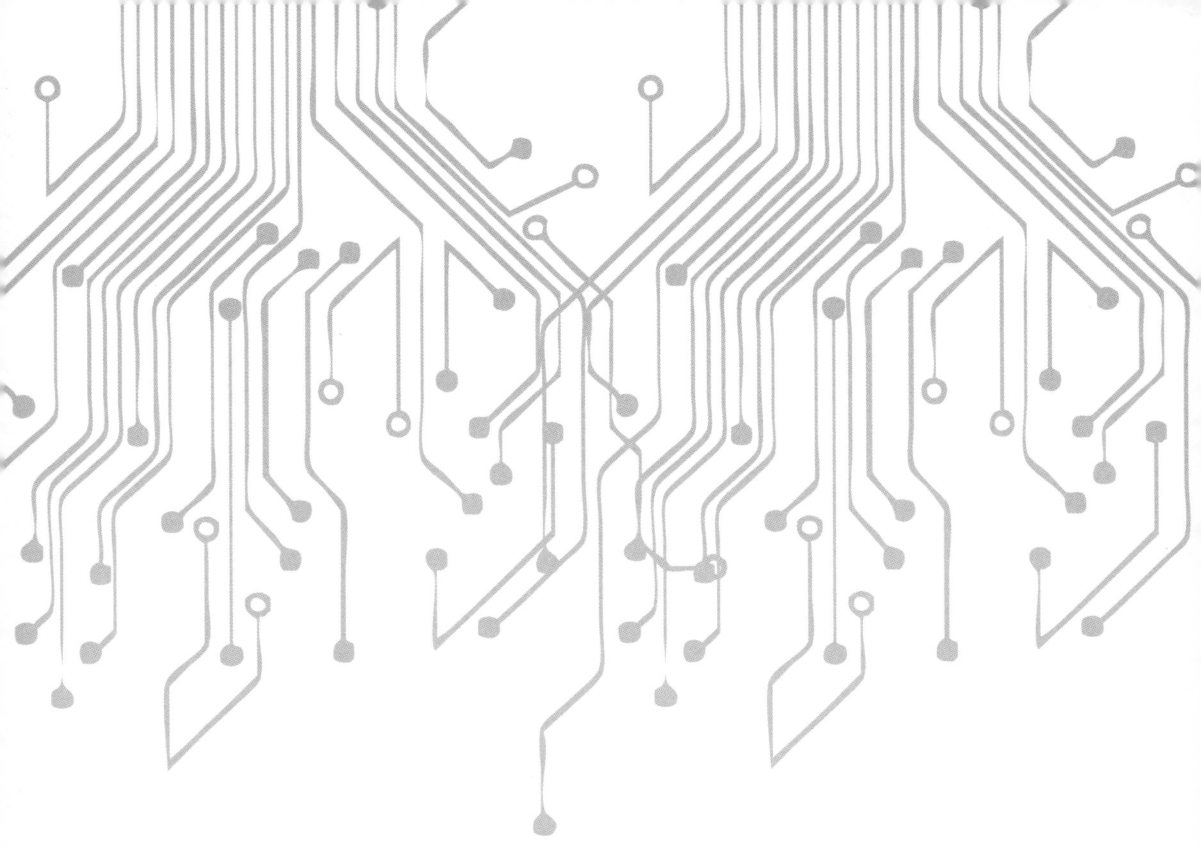

第6章

心灵解密之趣

你想一探心理学世界的奥秘吗？那我们不妨从千奇百怪、妙趣横生的心理学实验着手吧，它会告诉你心理学家如何通过精巧的实验设计，巧妙解开人类的心灵密码。

每一个心理学实验都是你走进心理学世界的一扇门，相信在心理学家的引领下，你会体验不一样的心灵奥秘。

证人的证词可靠吗

请你设想一下，昨天你们学生宿舍丢失了一台电脑，尽管你没有目睹这一盗窃案的发生，但你隐约记得，昨天中午放学后在宿舍走廊里见过一个陌生人并且手持笔记本电脑，当时你无暇他顾，并没仔细留意那个人的长相，只记得那是个男人，并且鼻梁上穿有一个奇怪的环。

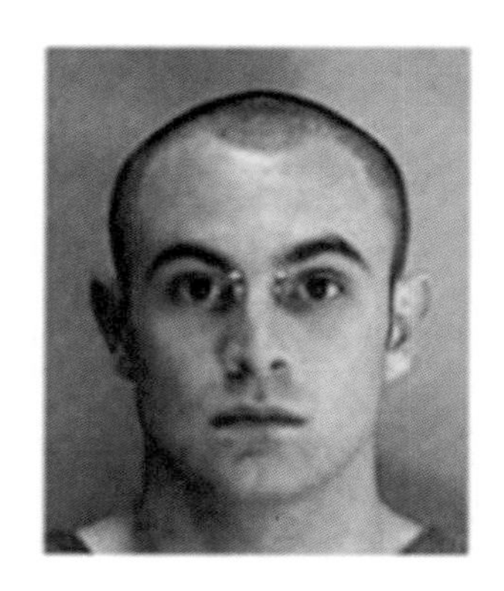

图6－1　盗窃者

假设图6-1就是你见到的那个人。

接下来，你就成为此次盗窃案的目击证人，被警方要求去指认犯罪嫌疑人，他们让你在下面这一排嫌疑人中，分辨出你在走廊上碰到的那个人。

图6－2　盗窃嫌疑人

请问，他们当中谁是你在走廊上碰到的犯罪嫌疑人呢？

是不是觉得第四个很像？“对，那人鼻梁上有穿环！没错，就是他！”你很自信地指出了盗窃嫌疑人。

亲爱的朋友，请你仔细对比一下，你确定是第四个人吗？如果你再仔细比对，你会发现其实这四个都不是吧。请问，你的证词可靠吗？

那是什么在影响我们记忆呢？也许是“那可恶的穿环”吧！

“可见，记忆并没有自己想象中的那么可靠，记忆常常受一些物件的暗示或其他因素的干扰和扭曲。”心理学家洛夫特斯自信地说。

“暗示”中扭曲的记忆

洛夫特斯给每一名学生观看一段影片，影片显示的是一辆轿车沿着公路行驶，然后在标有“停车”标志的路口转弯时撞上了一名行人。观看完毕后，洛夫特斯问道：“刚驶过‘让车’标志的汽车是什么颜色？”然后让学生填写。随后洛夫特斯给学生呈现两张幻灯片，一张是路口有“停车”标志的幻灯片，另一张是路口有“让车”标志的幻灯片，洛夫特斯问道：“你们刚刚在视频里看到的是哪一张幻灯片呢？”

结果在洛夫特斯的意料之中，大部分学生非常自信地说他们刚刚看到的是带有“让车”标志的幻灯片。可见，洛夫特斯稍加“暗示”的提问，就会扭曲学生的记忆。该研究激发了大量学者的兴趣，他们采用同样的“暗示性”提问，成功地让学生将《服饰与美容》杂志记成了《小姐》杂志，将“刮了胡子的男人”记成了“留胡子的男人”，将“米老鼠”记成了“米妮”，将“锤子”记成了“螺丝起子”。

可见，只要稍加暗示，我们的记忆就会发生翻天覆地的变化。“你以为记忆只是会被扭曲篡改吗？不，我们的记忆是可以被植入的。”不信？请看洛夫特斯的购物中心走失实验。

你也曾在购物中心走失过吗

洛夫特斯找来24名学生参加实验，并为他们准备了4则记录他们儿时经历的故事，其中3则是学生儿时经历过的真实事件，均由家人所写。另一则是学生5岁时在购物中心走失的虚假事件，经家人反复确认未曾发生过，由洛夫特斯杜撰。

学生看完这4则长短一致的故事后，洛夫特斯问道："你们是否在儿时经历过此事？如果是，请你在每件事后写出相关细节；如果不是，请写'我不记得了'。"

图6-3　洛夫特斯

实验结果令洛夫特斯非常惊讶，不只是统计数据，而是伴随虚假记忆而来的细节描述。如其中一名学生克里斯，当被告知他5岁时曾在购物中心迷路时，克里斯信以为真，并"回忆"起在购物中心走失的大量细节。

第二天，克里斯说："当我一个人独自在购物中心时，我突然发现有点不对劲，我担心我再也见不到我的家人了，我当时心里非常害怕。"

第三天，克里斯"回忆"起更多细节："我记得那时妈妈跑到我面前对我说，克里斯，再也不要这样了！"

几星期后，克里斯非常肯定地说："那天，我原本是跟朋友在一起玩，突然我被旁边的玩具吸引了，当我回过神来，我发现大家已经不见了，我当时非常害怕，我想我这次肯定完了……后来我还看到一个秃头老人向我走过来，他穿着蓝色的外套，戴着眼镜，头顶只有一小撮灰发……"

图6-4　购物中心走失实验

这些凭空捏造的细节，无不让我们啧啧称奇。我们的记忆宛如温室里的种子，只要我们稍加营养"暗示"，它们就会迅速成长，开出绚烂的花朵。

图6－5　兔八哥

对于洛夫特斯的实验，不少学者提出了质疑，他们认为这些学生可能真的有过迷路的童年经历，洛夫特斯只是无意中唤醒了他们年代已久的真实记忆，而不是植入了虚假的片段。为此，洛夫特斯又设计了“你曾在迪士尼乐园遇到兔八哥？”的实验进行反驳，喜欢卡通的人都知道这记忆绝不可能是真的，但洛夫特斯却成功地植入了。

此后，大量类似的研究如雨后春笋般纷纷呈现：通过暗示，可以让他们确信自己曾在婚礼上将果汁洒在新娘父母的身上、曾亲身见过一次缉毒行动、曾因高烧引起耳朵感染住院等一系列从未发生过的事情。可见，我们的记忆具有很强的可塑性，我们完全有能力欺骗自己并深陷其中。

作为证人，我们的记忆很容易受到干扰，做出错误的判断。同时，每一个目击证人在做证期间，首先都要经过警察的讯问，再通过检察官的讯问，然后出庭做证再被讯问。而讯问的警察、检察官、律师等人经常会犯的一个错误就是讲得太多，这无意识的行为就会给目击证人施加“暗示”，让目击证人的证词朝着案件推理的方向发展，“植入”虚假的记忆，并做出错误的指认。因此法庭上需要采用多个证人、多种证据，并且单独提问与呈现，避免证词、证据之间相互暗示，才可能有效避免冤假错案的发生。

鹦鹉的“逆袭之旅”

富家不用买良田，书中自有千钟粟。
安居不用架高堂，书中自有黄金屋。
出门莫恨无人随，书中车马多如簇。
娶妻莫恨无良媒，书中自有颜如玉。
男儿欲遂平生志，五经勤向窗前读。

——《劝学诗》

这首诗是宋代皇帝宋真宗赵恒所作，尽管诗中有过分追求荣华富贵、功名利禄之嫌，但其生动形象的比喻，千百年来久传不衰，影响着莘莘学子。尤其是我们耳熟能详的“书中自有黄金屋”“书中自有颜如玉”这两句话，更是为广大单身男士打了一针强心剂。那么这些话是否有科学依据呢？中国科学院动物研究所鸟类生态学研究组的科学家们用虎皮鹦鹉作为研究对象，经过近4年的努力，告诉我们“书中自有黄金屋”“书中自有颜如玉”绝对不是空话。

颜值不够，情场失意

鹦鹉是鸟类中高智商群体的代表之一，澳大利亚的虎皮鹦鹉以笼养鸟类而闻名，适合进行室内实验，野生虎皮鹦鹉主要居住在森林边缘和草原等栖息地，以植物种子为食。雌性虎皮鹦鹉在孵卵期和育雏期需要依赖雄性虎皮鹦鹉为其及孩子们提供食物，因此对于雌性虎皮鹦鹉，寻找合适的对象显得尤为重要，为此中国科学院动物研究所鸟类生态学研究组陈嘉妮博士为雌鹦鹉打造了一场“非诚勿扰”式的相亲之旅。

雌鹦鹉的择偶标准是什么呢？

雌鹦鹉站在笼子中央，两边各是一只雄鹦鹉，向左走还是向右走？这是一个问题。

尽管在人类看来，这两只雄鹦鹉的外表差别不大，但是雌鹦鹉显然有自己的审美。在连续4天的相亲过程中，雌鹦鹉花费更多的时间和雄健的雄鹦鹉腻在一起叽叽喳喳，留下情场失意的另一只雄鹦鹉黯然伤神。

图6－6　实验室中的虎皮鹦鹉

学习技能，成功逆袭

接下来，研究人员伸出援手，他们决定解救失意的雄鹦鹉。于是对它进行“取食技术特训”，培训它从食盒中拿到食物的能力。

本次特训分为初级班和进阶班。初级班的食盒是一只培养皿，只要掀开盖子就能拿到食物（如图6－7）；进阶班的食盒则是经过特殊设计的，雄鹦鹉需要完成三个步骤（揭开盖子、打开门、拉出抽屉）才能吃到东西（如图6－8）。

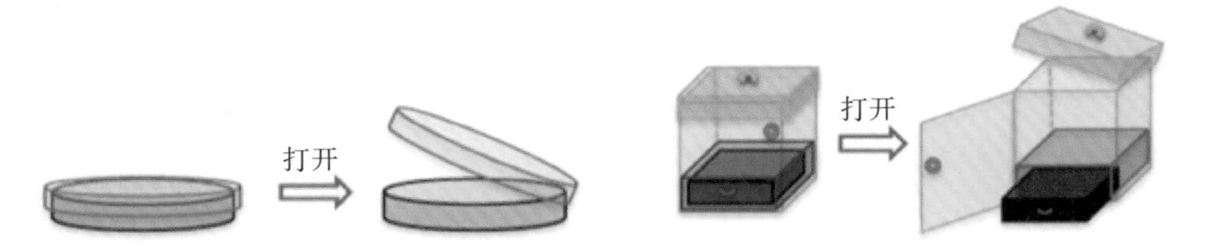

图6－7　初级班　　图6－8　进阶班

显然，这对于雄鹦鹉来说，是一个极具挑战的任务。研究人员不厌其烦，一遍遍演示打开食盒的步骤，让它牢记在心，经过大约一周的“特训”后，雄鹦鹉顺利“毕业”了，熟练掌握了打开食盒的方法。

带着一身本领，这只受过“特训”的雄鹦鹉霸气归来。

雌鹦鹉看到雄鹦鹉有条不紊地打开了食盒，神情之淡定，手法之纯熟，动作之潇洒……（如图6－9）反观另一边，曾经被青睐过的“帅气小伙”，遇到食盒却束手无策，无可奈何（如图6－10）。于是研究人员重新给了雌鹦鹉“相亲”的机会。

图6－9　雌鹦鹉观察受训过的雄鹦鹉

图6－10　雌鹦鹉观察原来偏爱的雄鹦鹉

戏剧性的一幕发生了：雌鹦鹉的选择发生了显著变化，它愿意花更多的时间与受过“取食特训”的雄鹦鹉在一起“谈情说爱”。

精巧设计，证实爱情

雄鹦鹉的情感“逆袭”真的是“知识”的力量吗？是不是食物在其中发挥作用？为此，陈嘉妮博士的研究团队又进行了对照实验。

在对照实验中，研究者给原来不受待见的雄鹦鹉开放式的食盒，它可以自由取食，而只给原来受偏爱的雄鹦鹉空着的食盒，在“相亲”过程中，雌鹦鹉还是坚持最初的选择，说明食物本身并不起作用。

那么，难道说这就是爱情吗？会不会是社会偏好呢？毕竟聪明的人谁都喜欢。为此，陈嘉妮博士的研究团队又进行了一组对照实验。

第二组对照实验中，研究者将所有雄鹦鹉都换成雌鹦鹉，其余的实验程序都与原实验保持一致，让雌鹦鹉再做出选择，以检验雌鹦鹉是否以聪慧来论

“闺蜜”。

有意思的是，雌鹦鹉挑“对象”和挑“闺蜜”的标准完全不同，雌鹦鹉观察了原来并不受偏好的雌鹦鹉学成取食技巧后，并没有改变对“闺蜜”的偏好。

“这说明雌鹦鹉对其他个体认知能力的偏好，跟性选择是密不可分的。”中国科学院动物研究所研究员孙悦华说。即对认知技能的直接观察可以影响动物对配偶的选择。它支持了达尔文提出的假设，即配偶选择可能会影响动物认知特征的进化。这项花费不到2万元的研究，登上了国际期刊《科学》。

图6－11 《科学》刊发了专门评述，并给予高度评价

现在，你是不是觉得“书中自有黄金屋”“书中自有颜如玉”绝对不是一句空话，“学习改变命运”也绝对不是一句口号，那你还在等什么？赶紧学习起来吧！

你为什么“视而不见”

你们知道魔术师科波菲尔是如何让长城、东方明珠从你眼前瞬间消失的，刘谦是如何将人头“切”掉的，霍迪尼是如何将活生生的大象从众人眼中“偷”走的吗？今天就让我们一起来重现这神奇的现象，揭开魔术的奥秘吧！

首先，请看图6－12，霍迪尼和大象分别位于图片的左、右两侧，你可以清晰地看到，大象的图像非常完整，而且周围也没有什么可疑的陷阱或镜子。

图6－12　霍迪尼和大象

神奇的魔术马上开始。现在请你闭上左眼，把书放到距离你一只手臂较远的位置，用右眼盯着霍迪尼的头部。然后，慢慢地将书靠近你的脸，同时右眼一直盯着霍迪尼的头部不动，你会惊奇地发现，随着书的移动，在某一个点，大概在书和脸相距30厘米的时候，大象会突然消失不见，1秒之前它还在那里，1秒之后它消失了。

简单的几个步骤，你就把大象变没了，是不是很神奇呀？可见，我们的眼睛很容易就把我们给“欺骗”了。这在心理学上称“无意视盲”：当我们把全部的视觉注意力集中在某个区域或物体上时，会让我们对其他显而易见的事情视若无睹，置若罔闻。魔术师就是利用无意视盲带来的强大“魔力”，在我们眼皮下“为所欲为”。

今天，心理学家西蒙将变身为“魔术师”，让一只可爱的大猩猩从你眼前瞬间消失。

看不见的大猩猩

2010年,美国心理学家西蒙在哈佛大学心理学系的大楼上制作了一个时长40秒的视频,视频中有两组队员,其中一组穿白色运动服,另一组穿黑色运动服,所有队员都在不断地移动并且互相传球。

西蒙请学生欣赏这段简短的影片,并且要求学生数出穿白色运动服的队员传球的次数,同时可以忽略穿黑色运动服队员传球的次数。当学生专注于计数时,视频中有一个装扮成大猩猩模样的人走进两组队员中,并且面对摄像头捶打自己的胸脯,停留9秒后走出球场。

随后,实验者问:

①在你计算传球的次数时,你有看到别的东西吗?

②你在视频中看到大猩猩了吗?

实验结果非常有趣:大约有一半的学生回答没有看到大猩猩。

西蒙是如何在大家眼前让大猩猩消失的呢?因为学生把主要的精力放在计算传球次数上,因而对大猩猩这种显而易见的物体却“视而不见”,出现了无意视盲。

图6-13 “看不见”的大猩猩

我们生活中每天都在经历着无意视盲,比如,和熟人擦身而过却视而不见,就在手边的东西却视若无睹等。

“谁”在问路

你可能会说大猩猩怎么可能会出现在篮球场呢?这是几乎不可能出现的

生活事件，因此你认为这个研究结论似乎有点牵强。那么现在我告诉你，如果眼前正在跟你对话的人上一秒和下一秒换了不同的人，你觉得你能发现吗？不要回答得太快，让我们一起来看一下哈佛大学和肯特州立大学学者做的这个神奇而又简单的街头实验吧！

1号男在街头随机找一个路人假装问路

突然来了两个抬着大木板的男人，从1号男和路人之间穿过

1号男代替2号男的位置，以木板作为掩护溜了；2号男代替1号男留下继续问路

路人没有发现眼前的人已经不是刚刚的1号男，继续给2号男指路

图6－14　“变化”的路人

即使“魔术”就在我们眼前发生，我们也察觉不到它的变化。哈佛大学心理学家丹西文和沙基斯也做了类似的实验。他们邀请学生来实验室参加实验，在实验室入口有一位接待员要求学生填写同意书，在学生填完同意书后，接待员假装弯身放同意书，另一位与原接待员长相不同、头发不同、连衬衣的颜色也不同的接待员起身，将一包资料递给学生，请他们走进房间。随后学生进入实验室进行实验，实验结束后，问学生：“你在实验室入口处一开始看到的那个接待员，与填完资料后所看到的接待员，其实是两个不同的人，你知道吗？”约有75%的受试者完全没有察觉到眼前换了一个人。有很多人看完视频后表示：“简直不敢相信自己的眼睛！”

为什么我们会看不到这些明显的现象和变化呢？这是因为大脑处理信息有自下而上和自上而下两个路径：自下而上是处理传入的感官信息，自上而下是处理认知驱动的知觉。当“计数”“指路”和“填资料”的时候，大脑专注于自上而下的处理，对周边其他事物的处理就变为“自动化”，认为一切都在预期之中，不会有特别的事情发生，因此就忽略了这些现象和变化。

无意视盲是人类与生俱来的，除非重写大脑，否则无法消除。同时，我们要知道无意视盲并不是绝对有害的，我们需要去正确认识它，合理对待它，有效利

用它。如车载GPS导航系统，能够降低驾驶员在行驶过程中可能出现的无意视盲率，从而减少交通事故的发生，就是对无意视盲的有效利用。

婴儿的“择友之道”

图6－15　婴儿的“择友之道”

婴儿，呆萌可爱，天真烂漫，总能惹得大人们心生怜爱并试图主动接近，然而现实中并非每个热情的人都能得到婴儿的积极回应，有时他们会回避、哭闹，似乎并不想要与某些人接触，那是因为看似懵懂无知的婴儿也有自己的“择友之道”。

亲善远恶

2007年美国耶鲁大学的儿童心理学研究者哈姆林和怀恩首次发现6个月的婴儿便能够分辨助人和损人这两种不同的善恶行为，并且喜欢与做“善事”的人交朋友。

首先，哈姆林和怀恩让婴儿观看两段表演。第一段表演中，一块非常可爱的小木块正在爬一个陡坡，这时一块“乐于助人”的小木块出现了，从后面推它，帮助它爬到了山顶；第二段表演中，也是同样的场景，但是随后出现的是一块“作恶多端”的小木块，它试图将正往坡顶攀爬的小木块推下坡。然后，研究者再给婴儿观看这个故事的结局：第一个结局是爬坡的小木块与“乐于助人”的小木块开心地在一起玩耍，第二个结局是爬坡的小木块也与“作恶多端”的小木块开心地在一起玩耍。

研究结果发现：婴儿对第一个结局关注的时间非常短，而是花大量的时间关注第二个结局，哈姆林和怀恩认为这是因为婴儿对于这一违背日常预期的选择感到十分意外，百思不得其解，因此会长时间关注，这也表明6个月的婴儿已经具有区分善恶的能力。

2011年，哈姆林和怀恩发现婴儿不仅能分辨善恶，还能根据“善恶”择友。

首先，哈姆林和怀恩让5个月的婴儿观看两段表演。第一段视频中，有人正在努力打开盒子，却怎么也打不开，这时“乐于助人”的玩偶主动上前帮他打开盒子；第二段视频中，也是同样的场景，但是出现的是“作恶多端”的玩偶，它跑过去狠狠地将盒子死死盖上。然后，哈姆林和怀恩将“乐于助人”和“作恶多端”的玩偶同时放在婴儿面前，让5个月的婴儿选择与哪个玩偶一起玩耍。

图6－16　婴儿与玩偶

结果发现，5个月的婴儿绝大多数会选择与“乐于助人”的玩偶玩耍，而不选择“作恶多端”的玩偶。可见，婴儿的第一个“择友之道”：亲善远恶。

志同道合

与成人的择友标准一样，聪明机灵的婴儿肯定不止这一条“择友之道”。2012年来自美国坦普尔大学和耶鲁大学的心理学家马哈詹和怀恩就用科学的方法发现婴儿会选择与他们相似度高的人一起玩耍，特别是与他们有着相同品味和爱好的人。

马哈詹和怀恩给32名11个半月的婴儿呈现两种不同的食物，如豇豆和饼干，让婴儿选择他们自己喜欢的食物。随后，研究者通过操控两只玩偶与婴儿进行互动。这两只玩偶先分别“尝试”了两种食物，其中一只玩偶与婴儿“志同道合”，非常偏爱婴儿所选择的食物，而对婴儿未选择的食物表现出明显的厌恶之情；而另一只玩偶却与婴儿“截然相反”，它非常讨厌婴儿所选择的食物，却偏爱婴儿没有选择的食物。最后，研究者将这两只玩偶放到婴儿面前，让婴儿选择愿意跟哪只玩偶玩。

研究结果发现，32名婴儿中有27人一致地选择与自己口味一致的玩偶，当实验材料从食物换成服饰（两只不同颜色的手套）时，结果还是一样，绝大多数婴儿依然会选择与自己“志同道合”的玩偶。可见，婴儿的第二个“择友之道”：志同道合。

敌人的敌人是朋友

婴儿除了有“亲善远恶”“志同道合”的“择友之道”，还具有更为高级复杂的择友标准，即他们能间接地根据他人如何对待自己的“朋友”或“敌人”的态度来选择是否与其做朋友，2013年来自加拿大英属哥伦比亚大学和美国耶鲁大学的儿童心理学家通过有趣的实验进行了证明。

研究人员给9个月的婴儿提供饼干和绿豆，通过婴儿的选择明白婴儿的独特爱好。其中一些婴儿选择饼干，另一些婴儿选择的是绿豆。随后，研究人员用手偶扮演两只兔子，这两只兔子分别“尝试”了饼干与绿豆，并且表达了自己对于不同食物的喜爱和厌恶的态度。其中一只“兔子”的喜好与婴儿“志同道合”，即非常偏爱婴儿选择的食物，讨厌婴儿未选择的食物，在本实验中我们暂且将它称为“兔子朋友”；另一只“兔子”的喜好则跟婴儿“截然相反”，即对婴儿选择的食物非常厌恶，对婴儿未选择的食物非常喜爱，我们暂且将它称为“兔子敌人”。然后，研究人员再用手偶扮演另外两只小狗，其中一部分婴儿会看到这样一个画面：其中一只“小狗”帮助“兔子朋友”（与自己口味一致）捡起掉落的玩具球，而另一只“小狗”则恶意抢走“兔子朋友”（与自己口味一致）的玩具球。最后，让婴儿选择跟哪只“小狗”玩。研究结果发现大部分婴儿都会选择帮助“兔子朋友”的“小狗”，而不是那只欺负“兔子朋友”的“小狗”。

图6－17　婴儿与小狗

而另一部分婴儿则会看到这样一个画面：其中一只“小狗”帮助“兔子敌人”（与自己口味不一致）捡起丢失的玩具球，而另一只“小狗”则恶意抢走“兔子敌人”（与自己口味不一致）的玩具球。结果发现：在这样的情况下，绝大部分婴儿会选择跟那只欺负“兔子敌人”的“小狗”玩，而不是那只帮助“兔子敌人”的“小狗”。可见，婴儿的第三个“择友之道”：敌人的敌人就是朋友。

看来，婴儿并不是“一张白纸”，他有着与我们成年人一样的认知观念，如果你想与婴儿成为朋友，看来还真得下一番功夫。

会“思考”的身体

20世纪60年代，人们普遍认为我们的精神与肉体是独立的，即大脑皮层抽象推理功能与身体无关。他们将大脑比作计算机系统，主要有处理、推理、分类、记忆等高级认知功能，将身体比作承载系统的硬件，不会思考，不会计算，也不会记忆，这种传统的认知方式，在心理学上被称为“离身认知”。20世纪80年代以来，第二代认知科学发现，身体并不是大脑的傀儡，大脑会通过身体(性质、感觉和方位等)来认知世界，你的身体就是你的大脑，它一直在“思考”，我们称之为“具身认知”。下面我们通过实验来看看我们的身体在生活中是如何“思考”的。

高耸的吊桥，有魅力的路人

图6－18　卡皮诺拉吊桥

在美丽的加拿大，有一座100多年历史的吊桥，这座吊桥以2条粗麻绳及香板木悬挂在高230英尺(约70米)的卡坡拉诺河河谷上，吊桥来回摆动，让不少游客心生惧意又流连忘返。

甜美漂亮的A小姐为了完成一项调查站在了卡皮诺拉吊桥中央，摇摆不定的吊桥让她心惊胆战。一会儿，A小姐看见一个男性，紧紧抓住吊桥的麻绳，一步一步小心地朝自己走来，让A小姐高兴的是他身边没有女伴，而且年龄在18至35岁之间，看来他就是她今天的目标了。于是，A小姐赶紧凑上去请他填写一份调查问卷，首先他需要评价一下这座桥，然后她再给他一张图卡，请他根据图卡编写一个故事。最后，A小姐留下自己的名字，并告诉他：“如果你想了解调查结果，可以给我打电话。”

作为对照，一模一样的剧情，A小姐又在附近一处坚固而低矮的石桥上演了一遍。

这两个男性会编出什么样的故事呢？谁又会在实验后给A小姐打电话呢？这是一个非常有趣的结果。

此剧情又多次重复后，A小姐接到了不少被调查男性的电话，令她惊讶的是：吊桥上的男性有近一半给她打了电话，并且认为A小姐更有魅力，但是在石桥上的16个男性中，只有2个给A小姐打了电话，当A小姐翻出他们所编写的故事时，发现吊桥上男性所编撰的故事中，含有更多的爱情元素。

图6－19　低矮的石桥

为什么在男性心中，吊桥上的女性会更加有魅力呢？心理学家阿瑟·阿伦说：那是因为卡皮诺拉吊桥高耸刺激，吊桥上男性的身体会发生变化，他们会心跳加速、呼吸急促。这时他们需要为自己的"心跳"寻找一个合理的解释：一是因为美女的魅力，二是因为吊桥的危险。这两种解释似乎都有道理，而真正的原因却难以确认。在这样模糊的情境下，吊桥上的男性容易对身体的"心跳"进行错误归因——美女的魅力，这就是心理学上的"吊桥效应"。

可见，我们的魅力指数，并不单纯来源于外貌、气质，还与我们当时身体所处的状态有着密切关系。这就能很好解释"英雄救美"后的"喜结良缘"以及

"刺激冒险"后的"心心相印"了。

所以,我们身体所处的方位,会影响我们身体的状态,进而影响我们的认知,我们的身体一直在"思考"。

手中的热咖,心中的好人

一杯暖暖的奶茶能让你们的感情迅速升温,你相信吗?接下来,耶鲁大学的白劳伦斯、威廉姆斯和巴奇会给你证明。

2010年的一天,B小姐在校园散步时,看到一则寻找实验对象的广告,这是一个关于知觉和消费的实验,B小姐很兴奋地打电话报了名,因为实验后可以得到一笔不错的报酬。

一个星期后,B小姐来到耶鲁大学心理系大厅,前台负责接待的同学准备带B小姐坐电梯到4楼的实验室。为了节约B小姐的时间,他打算一边上楼一边记录下B小姐的基本信息,但是他手里拿着一杯热咖啡、一个记录板和两本教科书,于是他请B小姐帮他拿一下咖啡,B小姐热心地答应了。

他们来到实验室后,研究员请B小姐看一段材料,这个材料是对一个陌生

图6-20　热咖啡

人A君的描述：A君聪明、灵巧、节俭、果断、实际、谨慎。

然后，研究员递给B小姐一张问卷，请她根据自己的直觉，从10个方面判断A君是一个怎样的人，其中5个方面都和A君的热情程度有关，比如A君是快乐还是不快乐，是大方还是小气，是合群还是反社会等。

这可能让B小姐很为难，因为B小姐并不认识他，但此刻直觉告诉她，A君是个热情的人。随后，研究员让B小姐对一款汽车的各方面进行评价打分，B小姐觉得这是意料之中的事，因为B小姐今天就是来完成关于知觉和消费的实验。

很快实验结束了。B小姐轻松地拿到了报酬，开心地离开了实验室。此时，她可能已经忘记了自己曾帮一个前台接待员拿过热咖啡，更不可能想到这杯热咖啡竟然会影响自己对A君的判断！

其实如果让时光倒流，当时B小姐帮接待员拿的是冷咖啡，其他一切都和前面一样，B小姐的直觉会告诉她A君其实没那么热情，他是一个比较冷漠的人。这是不是让人很惊讶？

几天后，B小姐才发现这其实是耶鲁大学在做一个关于温度与心理认知的实验，他们发现身体的感觉和心里的感觉经常是相通的，因为冷和热的概念不仅可以用来形容温度，还经常被用来形容人的性格和对某些情境的感受，比如“温馨”“温柔”及“冷清”等词语，因此，我们身体对温度的感觉会影响我们对他人的判断，我们的身体一直在“思考”。

此时，B小姐可能会感觉很不可思议，如果说口中的味道也会影响对他人的判断，你是否觉得更加离奇呢？接下来让布鲁克林学院的娜塔莉·艾斯金副教授证明：人们确实会进行这样不理性的判断。

口中的怪味，眼里的坏人

2011年的一天，C小姐和其他同学一起走进布鲁克林学院的心理学实验室，热情的接待员给她们递了一杯饮料，她们欣然地接受并爽快地喝完。此时，C小姐看到有的同学喝得津津有味，有的同学感觉淡定自若，而她却喝得苦不堪言。这是为什么呢？因为她们喝下的是三种不同口味的饮料。第一组喝的是鲜榨橙汁，第二组喝的是纯净水，第三组喝的是令人不快的苦茶（她正属于这一组）。当她们走入实验室时，彼此还或多或少地保留着喝饮料时的表情。

图6－21　喝了苦茶后的同学

接下来实验人员让她们观看一个短片，短片的内容是一个男人离婚的过程，然后让她们对短片中男主角的道德水平进行评价。C小姐不知道此时别人会做怎样的评价，但是在她心中这个男人简直就是“下流”“混蛋”。

但是，让C小姐不可思议的是，当她走出实验室后发现，其他很多同学并不这样认为，他们认为C小姐的评价“明显有失偏颇”。为什么呢？难道真的是C小姐太“刻薄”了吗？此时她可能忘记了，她进实验室前喝过的苦茶，它才是影响自己判断的“罪魁祸首”。

后期实验结果发现：这三组喝不同饮料的人所表达的意见有着显著的不同！第一组给出的总体评价要比第二组给出的略高一点，第三组给出的评价却出奇糟糕。

可见，我们很容易因为口中糟糕的味道，在对他人的道德评价中添油加醋，增加负面描述。

我们身体感觉的味道，也同样会影响我们的认知，我们的身体一直在“思考”。

总之，我们的身体不是大脑的傀儡，而是大脑的肉体本身，我们身体的变化对我们认知世界会产生很大的影响，所以我们在生活中要善于利用自己的身体。比如，当你伤心的时候，请微微扬起你的嘴角、展露你的笑容，你的心情会更晴朗；当你面对困难的时候，请昂起你的胸膛、紧握你的双拳，你的信心会更充足……

参考文献

（按拼音排序）

[1]Chen J, Zou Y, Sun Y H, et al. Problem-solving males become more attractive to female budgerigars[J]. Science, 2019, 363(6423).

[2] Christiane O.D, Jean- Pierre Sauvage. Templated synthesis of catenane[J]. Chem. Rev, 1987, 87.

[3] Eskine K J, Kacinik N A, Prinz J J. A bad taste in the mouth: gustatory disgust influences moral judgment [J]. Psychological Science, 2011, 22(3).

[4] Hamlin J K, Mahajan N, Liberman Z, et al. Not like me= bad: infants prefer those who harm dissimilar others [J]. Psychological Science, 2013, 24(4).

[5]Hamlin J K, Wynn K, Bloom P. Social evaluation by preverbal infants [J]. Nature, 2007, 450(7169).

[6] Hamlin J K, Wynn K. Young infants prefer prosocial to antisocial others[J]. Cognitive Development, 2011, 26(1).

[7] Jean- Francois Nierengarten. Synthesis of a doubly interlocked-catenane[J]. J.Am Chem. Soc, 1994, 116.

[8] Landau M J, Meier B P, Keefer L A. A metaphor-enriched social cognition[J]. Psychological Bulletin, 2010, 136(6).

[9] Mahajan N, Wynn K. Origins of “us” versus “them”: prelinguistic infants prefer similar others[J]. Cognition, 2012, 124(2).

[10] Rogers T B, Kuiper N A, Kirker W S. Self- reference and the encoding of personal information [J]. Journal of Personality and Social Psychology, 1977, 35(9).
[11] Shirakawa H, McDiarmid A, Heeger A. Twenty- five years of conducting polymers [J]. Chemical Communications，2003.
[12] Simons D J, Chabris C F. Gorillas in our midst: sustained inattentional blindness for dynamic events[J]. Perception, 1999.
[13] Yang Q, Wu X, Zhou X, et al. Diverging effects of clean versus dirty money on attitudes, values, and interpersonal behavior [J]. Journal of Personality and Social Psychology, 2013, 104(3).
[14] Zhou X, Vohs K D, Baumeister R F. The symbolic power of money: reminders of money alter social distress and physical pain [J]. Psychological Science, 2009, 20(6).
[15] Zhu Y, Zhang L, Fan J, et al. Neural basis of cultural influence on self-representation[J]. Neuroimage, 2007, 34(3).
[16]查莫维茨. 植物知道生命的答案[M]. 刘夙，译. 武汉：长江文艺出版社，2013.
[17]方陵生. NASA开展双胞胎研究，验证爱因斯坦“孪生悖论”——一个在地球，一个在太空[J]. 中国科技奖励，2015(3).
[18]方陵生. 神奇材料石墨烯——2010年度诺贝尔物理学奖得主安德烈·盖姆访谈录[J]. 世界科学，2010(11).
[19]付毅飞. 空间微重力科学实验的前世今生[J]. 少年月刊，2016(17).
[20]顾君. 世界上最小的机器——2016年诺贝尔化学奖解析[J]. 自然杂志，2016(6).
[21]郝晓光，徐汉卿，刘根友，等.《系列世界地图》及其应用与推广[J]. 地球物

理学进展，2007（4）.
[22]黄晓宇. 走近纳米——石墨烯：你我身边的神奇材料[J]. 世界科学，2012（2）.
[23]焦长健. 埃拉托色尼如何测量地球的周长[J]. 中学物理教学参考，2014，43（11）.
[24]卡尔森. 特斯拉：电气时代的开创者[M]. 王国良，译. 北京：人民邮电出版社，2016.
[25]孔祥元. 大地测量学基础[M]. 武汉：武汉大学出版社，2010.
[26]劳伦·斯莱特. 20世纪最伟大的心理学实验[M]. 北京：中国人民大学出版社，2007.
[27]雷·斯潘根贝格. 科学的旅程[M]. 郭奕玲，等，译. 北京:北京大学出版社，2016.
[28]李白薇. 聚焦2010年诺贝尔奖盛宴[J]. 中国科技奖励，2010（11）.
[29]李博文. 野生短尾猴集群运动与跟随决策研究[D]. 合肥：安徽大学，2018.
[30]李德前. 学生粗心出差错，导师好奇新发现——漫话导电塑料的发现和发展[J]. 科学教育，2002（3）.
[31]李静莹. 从认知语言学看“X大妈”式流行语[J]. 内江科技，2015（11）.
[32]李平仪，吴金叶，叶超. 埃拉托色尼测量地球周长的实验[J]. 地理教学，2015（6）.
[33]李盛华. 人工分子机器的历史、现状、展望[J]. 科学通报，2016（36）.
[34]李治中. 癌症真相：医生也在读[M]. 北京：清华大学出版社，2015.
[35]林正焜. 生物的“性”世界：认识生命必读的性博物志[M]. 桂林：漓江出版社，2016.
[36]刘思扬，景海鹏，陈冬，等. 太空日记：景海鹏、陈冬太空全纪实[J]. 教育，

2018(9).
[37]刘易斯,薛里泰. 大漠深处——中国原子弹秘闻录[M]. 长沙:国防科技大学出版社,1990.
[38]没有一张平面地图不失真[J]. 初中生,2015(4).
[39]钮海燕. 我对化学的兴趣始终是由颜色来引导的——2000年诺贝尔化学奖得主、外国专家艾伦·麦克德米尔德专访[J]. 国际人才交流,2003(1).
[40]欧阳钟灿. 震撼与思索——白川英树获奖历程回顾[J]. 科学,2001(5).
[41]普通高中课程标准试验教科书生物选修3[M]. 北京:人民教育出版社.
[42]戚亚光. 世界导电塑料工业化进展[J]. 塑料工业,2008(4).
[43]乔纳森·巴尔科姆. 鱼什么都知道[M]. 肖梦,赵静文,译. 北京:北京联合出版公司,2018.
[44]沈乃澂. 世界最高峰——珠穆朗玛峰海拔高度的测量[J]. 中国计量,2013(5).
[45]斯潘根贝格,莫泽. 科学的旅程(珍藏版)[M]. 郭奕玲,陈蓉霞,沈慧君,译. 北京:人民邮电出版社,2014.
[46]宋青春,邱维理,张振春,等. 地质学基础[M]. 北京:北京高等教育出版社,2005.
[47]孙振凯,陈颙,等. 提出设立“地下明灯研究计划”的建议[J]. 国际地震动态,2006(3).
[48]谭海红. 墨卡托及其对地图学的贡献[J]. 地图,1999(2).
[49]陶纯,陈怀国. 国家命运[M]. 上海:上海文艺出版社,2011.
[50]王爱民. 地理学思想史[M]. 北京:科学出版社,2010.
[51]王斌,付雅,张积家. 语言和文化对自我参照条件下提取诱发遗忘的影响——来自汉族人和摩梭人的证据[J]. 心理学报,2019,51(4).
[52]王福海. 地图学家墨卡托[J]. 中学地理教学参考,1995(Z2).

[53]王立铭. 吃货的生物学修养:脂肪、糖和代谢的科学传奇[M]. 北京:清华大学出版社,2016.
[54]王莅斌. 基于自适应模糊算法的无刷直流电机控制器设计与开发[D]. 成都:电子科技大学,2008.
[55]王洛印. 电磁感应定律的建立及法拉第思想的转变[J]. 哈尔滨工业大学学报(社会科学版),2009(1).
[56]吴军. 硅谷之谜[M]. 北京:人民邮电出版社,2016.
[57]吴军. 浪潮之巅:全2册[M]. 3版. 北京:人民邮电出版社,2016.
[58]吴军. 文明之光:第2册[M]. 北京:人民邮电出版社,2018.
[59]吴军. 文明之光:第3册[M]. 北京:人民邮电出版社,2018.
[60]吴军. 智能时代:大数据与智能革命重新定义未来[M]. 北京:人民邮电出版社,2016.
[61]张林. 索烃合成研究进展[J]. 材料导报,1999(1).
[62]张树庸,孙万儒. 让生命焕发奇彩——著名科学家谈生物工程学[M]. 长沙:湖南少年儿童出版社,2017.
[63]张卫国,肖德荣,田昆,等. 玉龙雪山3个针叶树种在海拔上限的径向生长及气候响应[J]. 生态学报,2017,37(11).
[64]朱宏伟. 石墨烯——单原子层二维碳晶体,2010年诺贝尔物理学奖简介[J]. 自然杂志,2012(6).
[65]诸平. 神奇材料与2000年诺贝尔化学奖[J]. 宝鸡文理学院学报(自然科学版),2001(1).
[66]竺可桢. 中国近五千年来气候变迁的初步研究[J]. 考古学报,1972(1).

图书在版编目（CIP）数据

科学实验之趣 / 龚彤，李正福编. -- 杭州 : 浙江教育出版社，2019.12（2024.8重印）
中国青少年科学实验出版工程
ISBN 978-7-5536-9891-5

Ⅰ. ①科… Ⅱ. ①龚… ②李… Ⅲ. ①科学实验—青少年读物 Ⅳ. ①N33-49

中国版本图书馆CIP数据核字(2020)第008600号

中国青少年科学实验出版工程
科学实验之趣
KEXUE SHIYAN ZHI QU
龚 彤 李正福 编

策　　划 周 俊
责任编辑 余理阳 王凤珠
营销编辑 滕建红
美术编辑 韩 波
责任校对 余晓克
责任印务 陈 沁
出版发行 浙江教育出版社
（杭州市环城北路177号 电话:0571-88909724）
图文制作 杭州兴邦电子印务有限公司
印刷装订 杭州佳园彩色印刷有限公司
开　　本 710mm×1000mm 1/16
印　　张 14.25
插　　页 2
字　　数 280 000
版　　次 2019年12月第1版
印　　次 2024年8月第2次印刷
标准书号 ISBN 978-7-5536-9891-5
定　　价 38.00元